U0685226

别在吃苦的年龄选择安逸

吴　伟◎编著

山东人民出版社·济南

国家一级出版社　全国百佳图书出版单位

图书在版编目（CIP）数据

别在吃苦的年龄选择安逸/吴伟编著.--济南：
山东人民出版社，2019.7 （2023.3重印）
ISBN 978-7-209-12171-2

Ⅰ．①别… Ⅱ．①吴… Ⅲ．①成功心理－通俗读物
Ⅳ．①B848.4-49

中国版本图书馆CIP数据核字(2019)第151855号

别在吃苦的年龄选择安逸

BIE ZAI CHIKU DE NIANLING XUANZE ANYI

吴　伟　编著

主管单位　山东出版传媒股份有限公司
出版发行　山东人民出版社
出 版 人　胡长青
社　　址　济南市市中区舜耕路517号
邮　　编　250003
电　　话　总编室（0531）82098914
　　　　　市场部（0531）82098027
网　　址　http://www.sd-book.com.cn
印　　装　三河市金兆印刷装订有限公司
经　　销　新华书店

规　　格　32开（880mm×1230mm）
印　　张　5
字　　数　117千字
版　　次　2019年8月第1版
印　　次　2023年3月第3次
印　　数　20001－50000
ISBN 978-7-209-12171-2
定　　价　36.80元
　　　　　如有印装质量问题，请与出版社总编室联系调换。

不管人也好，树也好，越想花枝招展，就越要往泥土里钻。往地下钻是痛苦孤独的，但只有这样才能蓄积养分。

——汪涵 ◀

我还有很多路要走，我不知道我要走到哪里，也不知道能走多远。但我想，心有多远，脚下的路就有多远。

——李娜 ◀

永远不要跟别人比幸运，我从来没想过我比别人幸运，我也许比他们更有毅力，在最困难的时候，他们熬不住了，我可以多熬一秒钟、两秒钟。

——马云 ◀

世界上唯一可以不劳而获的就是贫穷，唯一可以无中生有的就是梦想。世界虽然残酷，但只要你愿意走，总会有路。

——刘强东 ◀

有的人生活在晚上十点，因为他留在昨天；有的人生活在凌晨两点，他必将迎接未来。同样是伸手不见五指，但这就是区别。

——罗振宇 ◀

当你的才华还撑不起你的野心的时候，你就应该静下心来学习；当你的能力驾驭不了你的目标时，就应该沉下心来历练。

——莫言 ◀

前途比现实重要，希望比现在重要。我们没有预见未来的能力，也没有洞穿世事的眼力，但至少我们有努力让自己变得更好，去迎接考验的学习力。

——中国人民大学　田恺 ◀

自信，使不可能成为可能，使可能成为现实。不自信，使可能变成不可能，使不可能变成毫无希望。读这套励志书，不是喝鸡汤，其实是给自己的自信心加油。

——上海交通大学　李莉敏 ◀

没有目标就没有方向，每一个阶段都要给自己树立一个目标。这会让你的青春时光过得更有价值，让你以后的人生更有价值。当我们失落迷茫时，不如读读这本书，它将是一位集解压、启迪、倾听、陪伴多种功能的好伙伴。

——河北大学　周政均 ◀

青春，一个被赋予太多憧憬与希望的词汇。在很多人眼里，青春如火，燃烧着激情与活力；青春如花，绽放着智慧和希望。如何让青春绽放光彩，我分享给朋友们的方法是——与好书同行，与优秀的人同行。

——南开大学　秦冲 ◀

一本书，不能让所有的人在所有的时间受益，但可以让特别的人在特别的时间受益。

——林肯

C目录
Contents

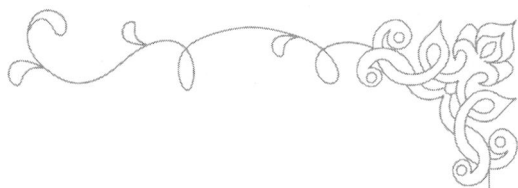

PART 01

年轻就是资本

年轻，是心灵中的一种状态，意味着甘愿放弃温馨浪漫的生活去拼搏，意味着超越羞涩、怯懦和欲望的胆识与气质，捕捉着每个乐观向上的电波，只要勇于做梦，敢于追梦，勤于圆梦，我们就永远年轻！

困难是人生的教科书。

——谚语

努力做好今天的你

许多人只喜欢去预支明天的烦恼，想要早一步解决掉明天的烦恼。可他们又何尝知道：明天如果有烦恼，你今天是无法解决的。每一天都有每一天的人生功课要交，努力做好今天的功课再说吧！或许人生的意义，不过是嗅嗅身旁一朵朵清丽的花，享受一路走来的点点滴滴而已。

三千多年前，传说在希腊帕尔纳索斯山南坡上，有一座驰名世界的戴尔波伊神托所，这座神托所是一组石造建筑物。在这座神托所的入口处，有一块石头，上面刻有两个词，翻译过来就是：认识你自己！

古希腊的哲学家苏格拉底最爱引用这句格言教育他的学生，因此，后人往往错误地认为这是苏格拉底说的话。这句话当时被人们认为是阿波罗神的神谕，是家喻户晓的一句民间格言，是希腊人民的智慧结晶，后来才被附会到大人物或神灵身上。

| 智 | 慧 | 心 | 语 |

先相信你自己，然后别人才会相信你。

——[俄]屠格涅夫

◆ 客观地评价自己

然而到了今天，人们不得不承认，"认识自己"这个目标还远远没有实现。在现实生活中，如果自我被扩大，就容易产生虚荣心理，形成自满和自我陶醉。这种人喜欢炫耀、哗众取宠，不能客观地评价自己。如果自我被贬低，就容易产生无能心理，认为自己无用，一无是处。这种人本来可以成绩超群，成为才华出众的人，却由于自我贬低，"非不为，是不能也"的自欺欺人的自我退缩伤害了自己。

曾经有一个悲观的青年欲了结一生，在海边徘徊。有一老者注意到他，便上前询问："你为什么不开心呢，年轻人？""我现在一无所有，一无所长，不断失败，我再也没有什么指望了，不如一死了之。""你其实很富有，年轻人。""是吗？"年轻人一脸狐疑。"给你十万元，买你一只眼睛好吗？""那可不行！"年轻人想都没想。"八万元，买一只胳膊？""不行。""那就买一只手，或三个手指头？""也不行。"老者哈哈大笑："年轻人，你现在知道你多么富有了吧。"年轻人不好意思地笑了，自信重新回到了他的脸上。

认识自己是与生俱来的内在要求和至高无上的思考命题。

诚然，一个人要想真正地了解自己，认识自己，又谈何容易？一辈子不认识自己而做出了可悲之事的大有人在。在今天，还有很多人正是由于不认识自己，不充分理解今天这个社会中的情况，而受不得一点点挫折、打击、悲观、失望、苦恼、抱怨、彷徨，终日在唉声叹气、无所事事中让时光轻易地溜走。

古人云："知己知彼，百战不殆。"西方人说："自己的鞋子，自己知道紧在哪里。""不会评价自己，就不会评价别人。"希腊人说："最困难的事情就是评价自己。"可见，认识自己是一个永恒的话题。

但是，认识自己并不是一件容易的事，需要对自己有一个最起码的认识。而对于有些人来说，自己是什么样的人，自己却不知道。由于难得有一个真实的参照系来评估自己，所以，我们往往能够很自信地干傻事。

认识你自己吧，虽然这是困难的。然而，一个人要想有一番作为的话，正确地认识自己是一个最基本的要求。你可能解不出那样多的数学难题，或记不住那样多的外文单词，但你在处理事务方面却有特殊的本领，能知人善任、排难解纷，有高超的组织能力；你的数理化也许差一些，但写小说、诗歌却是个能手；也许你分辨音律的能力不行，但有一双极其灵巧的手；也许你连一张桌子也画不像，但是有一副动人的歌喉……

在认识到自己长处的前提下，扬长避短，认准目标，抓紧时间把一件工作或一件事情做好，久而久之，自然会水到渠成。

鲁迅说过，即使是一般资质的人，一个东西钻研上十年，也可以成为专家，更何况它又是你自己的长处呢？

◆ 最大的对手就是自己

只有不断地发现自身的优点，将自己的错误认知清楚，才能发现真正的自我。就好像早上要把镜子上的水雾抹掉，才能看清自己的面目。世界上最大的敌人不是对手，而是你自己。在你的生活中，有一个人需要你的支持、鼓励和理解，有一个人是你最可信赖的人，这个人是谁呢？就是你自己。

认识别人难，认识自己更难，人贵有自知之明。

在人生中，人们最关注的就是自己。当拿到一张集体照时，你的第一道目光肯定会落在自己身上。每天早上，面对着镜子里面的人，你不妨问问：他（她）是谁？请不要笑此话太傻。俗话说：一个人最大的敌人莫过于自己。要了解自我、战胜自我这个最大的敌人，就必须认清自我，客观地评价自己，找准自己的位置，但是，又有多少人能做到呢？

在社会生活中，如何塑造自我形象、把握自我发展，如何选择积极或消极的自我意识，如何正确地认识自我、肯定自我，将在很大程度上影响或决定着一个人的前程与命运。所以，要想在社会上立足并有所成就，就必须对自己有一个全面而深刻的认识。人们只有清楚地知道自己想做什么，能做什么，做了会付出什么，付出之后会得到什么，才能更理智地去面对人生中的多项选择。只有认识了自我，才能激发更大的自我潜能，才能发展自我、超越自我、升华自我，从而达到一个有全新自我的境界。

英国的著名诗人济慈，本来是学医的，后来他在无意中发现自己有写诗方面的才能，就当机立断改行写诗，并且在这个过程中，他很投入地用自己的整个生命去写诗。很不幸，他只活了二十几岁，但是，他却为人类留下了不朽的美丽诗篇。

马克思年轻的时候，也曾想做一名伟大的诗人，也努力地写过一些诗。但是，他很快发现在这个领域里，他不是强者，自己的长处不在这里，便毅然决然地放弃了做诗人的想法，转行研究政治哲学去了。

试想一下，如果上面的两位大师都没有正确地认识自己，看清自己的话，那么英国文学史和国际共产主义运动史上则肯定要失去两颗光彩夺目的明星。所以，认识你自己吧！无论做什么都要脚踏实地去做，大而无当、好高骛远的想法一定要去除。

那么，怎样才能更好地认识自己呢？

第一，用"自省法"认识自己。

"自省"就是通过自我意识来省察自己言行的过程，其目的正如朱熹所说：日省其身，有则改之，无则加勉。自省其实是人的一种心理体验，人们在实际生活中，往往通过自我反思、自我检查来认识自己。从发生在自己身边或自己身上的重大事件中，可以获得更多的经验和教训，这些都为了解自己的个性、能力提供了信息，从而在其中发现自己的优点与不足。

第二，用"评价法"认识自己。

在认识自我时，应该重视同伴对自己的评价，如果两者的评价相近，则说明自我评价良好；如果两者的评价相差甚远，则说明对自己的评价有偏差，需要及时调整。当然，也不能对别人的评价有完全的依赖，应该有自己认识上的完整性，要恰如其分地认识自己、看待自己。

第三，用"二分法"认识自己。

对任何事物的看法都应坚持唯物、辩证的观点，对自己的认识也不例外，既要发现自己的长处、优点，也要认清自己的短处与不足，只有这样，才能扬长避短，把握自己，取得更大的进步。

给自己一个准确的定位

人生最重要的不是奋斗，而是奋斗前的选择，选择就意味着要给自己一个准确的定位。人生在世几十年，如果没有一个准确而清晰的定位，会让自己走很多的弯路，甚至遭受更多的挫折。

在生活中，每个人都有自己的位置。纵观一个人的一生，幼儿、童年、青年、中年、老年，这些位置都在变化之中。

◆ 演好自己的角色

人在事业发展初期，刚刚开始之时，就是慢慢萌芽的种子，接着不断追求，发展壮大，当在事业中崭露头角时，就是成长。为了你心中的梦想，你仍孜孜不倦地追求，在经历许许多多的风雨之后，你实现了自己的愿望，获得了成功。这也许就是所谓的"开花结果"。可人生的事并不都是一帆风顺的，成就有时只是暂时的，而不是永恒的。也许你因为骄傲自满，会遭受挫折，从此，你可能重新开始，又在循环以前的经历。

| 智 | 慧 | 心 | 语 |

就连最伟大的天才，如果单凭他所特有的内在自我去对付一切，他也绝不会有多大成就。

——[德]歌 德

找准定位是指引人生道路的"北极星"，它指引着你前进的方向。一个人要善于把握分寸、小心谨慎，再加上持久的努力，这样你才能在人生大舞台上演好自己的角色。

一天清晨，一只山羊来到一个菜园旁边，它想吃里面的白菜，可是一道栅栏把它挡在了外面，它进不去。

这时，太阳慢慢地从地平线上升起来了。在不经意中，山羊看见了自己的影子，它的影子拖得很长很长。它以为自己很高大，于是自言自语地说："我如此高大，定能吃到树上的果子，吃不吃这白菜又有什么关系呢？"

在距离菜园不远的地方，还有一大片果园。园子里的树上结满了五颜六色的果子，于是山羊便朝着果园的方向奔去。到达果园时，已是正午，太阳当头。这时，山羊的影子变成了很小的一团。"唉，原来我是这么矮小，看来是吃不到树上的果子了，还是回去吃白菜吧！"于是，它又匆匆忙忙转身往回跑。等跑到菜园的栅栏外时，太阳已经偏西，它的影子又变得很长很长。

"我干吗非要回来呢？"山羊很懊恼，"凭我这么大的个子，吃树上的果子是一点儿问题也没有的。"

山羊烦恼的主要原因就在于它对自己没有一个正确的认识。世界上没有完全相同的树叶，人也一样，每个人都应客观地认识自己，既要看到自己的长处，又要认识到自己的不足，给自己一个准确的定位。

许多人一生都在瞪大眼睛寻找财富，他们贪婪地想把世界上每一样美好的东西都揣进自己的怀里，不料辛辛苦苦忙碌了好一阵子，到头来却两手空空。真正有智慧的人懂得收敛内心的欲望，只选择自己够得着的果子去采摘，而不会把自己的小聪明当成智慧。

每个人都有属于自己的位置，但要想找到适合自己的位置，就没那么简单了。只有找到自己的长处，给人生一个准确的定位，才能取得真正的成功。如果没有给自己确定一个准确的位置，就可能会失败。

◆ 清楚自己需要什么

有很多人之所以成功，其实就得益于他们能够根据自己的特长来进行定位。如果不充分了解自己的长处，只凭自己一时的想法和兴趣，这样的定位就有很大的盲目性。古语说：取乎上，得其中；取乎下，得其下。很显然，在给自己定位时，要根据自己的能力来定位，不能定得太高，也不能定得太低。把自己的位置定得太高，你可能就会感到力不从心，把自己的位置定得太低，你可能难以获得更大的成功。

漫漫人生路，要给自己一个准确的定位：既不自高自大，也不悲观失望。

如果你没有足以炫耀的出身，没有令人羡慕的家庭，没有生活无忧的境遇，不要悲观，你要用清醒的头脑、淡泊的心情去认识人情世故。一切幸运并非没有烦恼，一切厄运并非没有希望。不要抱怨、叹息。

要想人生伟大，必须搞清楚自己需要什么，也就是你想收获什么。

一个人的发展在某种程度上取决于自己对自己的评价，这种评价叫定位。在心目中你把自己定位成什么，你就是什么，因为定位能决定人生，定位能改变人生。

一个乞丐在地铁出口处卖铅笔，一名商人路过，向乞丐的杯子里投了几枚硬币，便匆匆而去。过了一会儿，商人又转回来取铅笔，并对乞丐说："对不起，我刚才忘记拿铅笔，毕竟你我都是商人。"几年之后，商人在参加一次高级酒会时，遇到一个衣冠楚楚的先生向他敬酒，这位先生说，他就是几年前在地铁处卖铅笔的乞丐。他生活的改变，得益于商人的那句话：你我都是商人。这个故事告诉人们：你把自己定位在什么样的高度，你就会成为什么样的人。当你定位于乞丐，你就是乞丐；当你定位于商人，你就是商人。

12岁的福特在头脑中构想着一种机器，它能够代替牲口和人力在路上行走。而这时，父亲和周围的人都要他在农场做助手。如果他真的听从了父亲与家人的安排，世间便少了一位伟大的企业家。但幸运的是，福特坚信自己能够成为一名机械师。于是他用1年的时间完成了其他人需要3年时间才能完成的机械师训练，随后又花两年多时间研究蒸汽原理，试图实现他的目标，但未获成功。后来他又投入到汽油机研究上来，每天都梦想制造一部汽车。

天道酬勤，福特的创意发明得到了爱迪生的赏识，并邀请他到底特律公司担任工程师。经过10年的不懈努力，在他29岁时，成功地制造出第一部汽车引擎。

从另一个方面来讲，给自己定位也要切合实际，如果定位不切实际，或者没有一种健康的心态，也不会取得成功。

年轻没有不可能

很多时候，我们就像坐在井底往上瞧的青蛙，想着天地就只有井口那么大，不可能有更大的空间，何不就此坐定？有了这种想法，无异于给自己画地为牢，从此将寸步难行。所以说，往往堵死我们生存和发展之路的并非他人，而正是我们自己狭隘的目光和封闭的心界。

人生的悲哀不在于人们不去努力，而在于人们总爱给自己设定许多条条框框，这无疑限制了人们想象的空间，以及创造的潜能和奋进的范围。

◆ 别对自己设限

在生活这条路上，很多时候我们走得并不顺利，不是因为路太狭窄，而是因为我们的眼光太狭窄，在有意无意中对自我设限了。

| 智 | 慧 | 心 | 语 |

相信自己能做到，你就已经成功了一半。

——[美]西奥多·罗斯福

有一个小孩在看完马戏团精彩的表演后，随着父亲到帐篷外拿干草喂刚表演完的动物。小孩儿注意到一旁的大象群，问父亲："爸，大象那么有力气，为什么系在它们脚上的那根小小的铁链，它们却无法挣开逃脱？"父亲笑了笑，耐心为孩子解释道："大象并不是真的挣不开那条细细的铁链，而是它们以为自己挣不开。在大象还很小的时候，驯兽师就用同样的铁链来系住小象，那时候的小象，力气还不够大。起初，小象也想挣开铁链的束缚，可是试过几次之后，知道自己的力气根本就挣不开铁链，于是就放弃了挣脱的念头。等小象长成大象后，它就甘心受那条铁链的束缚，不再想逃脱了。"

我们经常用生活中普遍的规律来看待事情，这样，我们便被原本只要稍微用力即可挣脱的铁链永远束缚住了，心甘情愿地成了一只被圈养的大象。久而久之，便形成了惯性思维，套在失败的经验中爬不出来，以为有些事自己永远办不到，完全忽视了许多内部和外部的条件已经改变，以致失去了一次又一次唾手可得的机会。

◆ 你不勇敢，没人替你坚强

给思维插上金色的翅膀，它就会载着你飞向辉煌的金字塔顶；限制它，你就永远会被世界拒之门外！

一个人在高山之巅的鹰巢里，抓到了一只幼鹰，他把幼鹰带回家，养在鸡笼里。这只幼鹰和鸡一起啄食、嬉闹和休息，它以为自己是一只鸡。这只鹰渐渐长大，羽翼丰满，主人想把它训练成猎鹰，可是由于终日和鸡混在一起，它已经变得和鸡完全一样，根本没有飞的愿望了。主人试了各种办法，都毫无效果，最后把它带到山顶上，一把将它扔了出去。这只鹰像块石头似的，直往下掉，慌乱之中它拼命地扑打翅膀，就这样，它终于飞了起来！

人若软弱就是自己最大的敌人，人若勇敢就是自己最好的朋友。

有人说过这样一段话：我不是为了失败才来到这个世界上的，我的血管里也没有失败的血液在流动。我不愿意听失意者的哭泣、抱怨者的牢骚，这是羊群中的瘟疫。

一个菲律宾女孩高中毕业后，只身一人来到纽约闯荡。她没有文凭，也没有学历，好不容易在一家打字社里找到一份400美元月薪的工作。她和几个同国女孩合租在一间地下室，勉强度日。

在工作之余，她常会拿出服装杂志或者关于服装专业的书来看，同屋里的姐妹都笑话她："太不自量力了，简直是异想天开。服装公司里的专业人才多得是，你怎么可能竞争过他们呢？"她只是笑笑，什么也不说。

六年过去了，这群女孩的生活状况基本上没什么变化。唯一不同的是，她的服装设计水平从一级升到了六级。

后来，她被聘为一家服装公司的设计员，她搬出了从前住的地下室。再后来，她成了这家服装公司设计部部长。

世上任何人都不能改变你的命运，除了你自己——只要你勇敢地跳出自设的樊篱！

别在安逸中虚度光阴

在现实生活中，随处都可以看到这样一些年轻人：只是毫无目标地随波逐流，既没有固定的方向，也不知道停靠在何方，以至于在浑浑噩噩中虚度了多少宝贵的光阴，荒废了多少青春的岁月。在做任何事时不知道其意义所在，只是被挟裹在拥挤的人流中被动前进。如果你问他打算做什么，他的抱负是什么，他会告诉你，他自己也不知道到底该去做什么，到底想要什么。没有目标，没有理想，没有抱负，有的只是在那儿漫无目的地等待机会，希望以此来改变生活。

◆ 逆境是成长必经的过程

不经历风雨，怎么见彩虹，懒惰闲散、好逸恶劳的人不会取得多大的成就。只有那些面对阻碍全力拼搏的人，才有

|智|慧|心|语|

你若要喜爱你自己的价值，你就得给世界创造价值。

——[德]歌 德

可能达到全面成功的巅峰，才有可能走到时代的前列。对于那些没有勇气去面对困境、从来不尝试着接受新的挑战、无法迫使自己去从事对自己最有利却显得艰辛繁重的工作的人来说，他们是永远不可能有太大成就的，因为成功之路从来都不是随随便便就可以走出来的。

每个人都应该严格要求自己，不能总是无所事事地打发宝贵的时光。不要等到岁月流走之后，才去思考曾经走过的路是否有意义；不要等到中年时候，才去思考年轻时如果找点事情做，或许现在自己已经成功了。不要在不该开花的时候开花，不要在果实未熟的时候采摘果实，违背自然规律的事情，注定不会有好结果。

很多人之所以会失败，是因为心中没有伟大的理想与切合实际的目标。绝大多数胸无大志的人之所以失败，是因为他们太懒惰了，身上根本就没有具备成功的素质与条件，所以他们不可能成功。他们不愿意从事艰难的工作，不愿意付出代价，不愿意做出必要的努力。他们所希望的只是过一种安逸的生活，尽情地享受现有的一切。在他们看来，为什么要去拼命地奋斗、不断地流血流汗？何不享受生活并安于现状呢？如果在一个人的脑海里，存在有这种思想的话，他的一生注定是平淡的，除非他改变思想，重新来过。

　　生活中到处都可以见到这样一些人，他们有着最精良的设备，具备一切理想的条件，他们的面孔让身边的人看起来似乎也正要整装待发。可是，他们的脚步却迟迟不肯挪动，所以，他们并没有抓住最好的时机。造成这一结果的原因就在于他们心中没有动力，没有远大的抱负来支撑他们努力勇敢地走下去。

　　大家都知道，如果一块手表有着最精致的指针，镶嵌了最昂贵的宝石，无疑，在人们眼中它是珍贵的。然而，如果它缺少发条的话，就没有价值可言。同样，人也是如此。不管一个年轻人受过多么好的教育，也不管他的身体有多么健壮，如果缺乏远大志向的话，无论他的其他条件多么优秀，都没有任何意义。

　　契诃夫说："我们以人的目的来判断人的活动。目的伟大，活动才可以说是伟大的。"这个目的其实就是心中的抱负。

　　有这样一个故事，原苏联驻南极工作站唯一的医生得了急性阑尾炎，在冰天雪地的南极，不可能指望有什么人前来援助，怎么办？如果自己病倒了，其他科考队员的生命出现问题怎么办？科考工作还要继续进行下去，自己是绝对不能出现问题的。这位医生以坚强的意志和非凡的毅力，给自己做了阑尾切除手术。

　　这个故事说明，人的意志力可以非常坚忍，意志的作用是非常强大的。当然，人的意志也不是天生就有的，它需要人们在实践中去磨炼，尤其是要在战胜困难与挫折中去提升。这时，支持心中力量的就是远大的理想。远大的理想与抱负是战胜困难的巨大动力。

一个人遇到困难时，是打退堂鼓还是迎难而上？这与他是否有崇高的理想抱负有直接的关系。一个有理想、有抱负的人，不管遇到什么艰难困苦，都会坚忍不拔、坚定不移地朝着既定目标迈进。因为在他们心中，理想抱负是人生的最大价值，为了实现自己的远大理想，吃再多的苦、流再多的汗，也是值得的。

◆ 焕发你的生命活力

也许每个人都有这样的体会：小时候，每个人的梦想都很大，每个人都敢去想。雄心抱负通常在我们很小的时候就初露锋芒。但是，如果我们不注意仔细倾听它的声音，不给它注入能量，如果它在我们身上潜伏很多年之后一直没有得到任何鼓励，那么，它就会逐渐停止萌动。原因其实很简单，这就像许多其他没被使用的品质或功能一样，当它们被弃置不用时，就不可避免地趋于退化或消失了。

人的思想是一种很奇怪的东西，你不断想一件事，然后不断重复地去做一件事，你就能把它做好，这是自然界的定律。只有那些被经常使用的东西，才能长久地焕发生命力。一旦我们停止使用我们的肌肉、大脑或某种能力，退化就自然而然地发生了，而我们原本所具有的能量也就在不知不觉中离开了。

这其实就是人的一种惰性，身体上的懒惰懈怠、精神上的彷徨冷漠、对一切都放任自流的倾向、总想回避挑战而过一种一劳永逸的生活，所有这一切就是那么多人无所成就的重要原因。

对那些不甘于平庸的人来说，养成时刻检视自己抱负的习惯，并永远保持高昂的斗志，这是完全有必要的。要知道，一切都取决于我们的抱负。一旦它变得苍白无力，所有的生活标准都会随之降低。我们必须让理想的灯塔永远点燃，并使之闪烁出熠熠的光芒。

东汉末年，宦官专权，横征暴敛，出身世家大户的鲁肃眼见朝廷昏庸，官吏腐败，社会动荡，常召集乡里青少年练兵习武。他决心练好身体和武艺，以后准备为国出力。

正是他眼光远大、怀有抱负，才让他在不久出现的军阀混战中，能组织村中数百人保护乡亲父老。接着他渡过长江，投奔孙权，屡屡建立战功。后来，他当了"奋武校尉"，统领东吴的兵马，成为一代名将。

对于任何人来说，不管自身的条件多么不足，现在所处的环境多么艰难，只要他保持高昂的斗志，热情之火仍然在熊熊燃烧，那么他就是大有希望的。

但是，如果他颓废消极，心如死灰，那么，人生的锋芒和锐气也就消失殆尽。

用实际行动打破"唯风土论"

　　徐光启是明代著名的一位农业科学家,他不但爱好科学,还十分关心民间疾苦。有一年,徐光启回到松江(今上海)为父亲守丧。那年夏天,江南一带遭遇了一场水灾,大水把稻、麦都淹了。大水退去之后,农田颗粒无收,很多农民流离失所。心急如焚的徐光启想,如果现在不能及时补种点别的庄稼,来年春天拿什么度过灾荒!恰巧在这时候,有个朋友从福建带来了一批甘薯的秧苗。甘薯那时候在江南一带还没有种植,人们还不知道这个东西是否能在这里种植成功,更没想过用甘薯当作主要粮食来充饥。那时候的农学讲究"唯风土论",也就是说,要判断一种作物在某地种植与否,一切取决于风土,而且一经判定则永世不变。

　　徐光启觉得这是一个难得的机会,此时如果能够试验成功,大家就可以破除这种"唯风土论"的思想,尽地利而广种甘薯。他说干就干,挑选了一批秧苗后,就在荒地上试种起甘薯来。村里人见到他种甘薯,都跑来看稀罕,大家一致认定,徐光启肯定什么也种不出来。毕竟,甘薯是在福建沿海生长的,怎么能在这里扎根呢?

徐光启对于这些议论置若罔闻，一心扑在种植甘薯苗上。行动是最具有说服力的，开始有人说："徐秀才的这个法子，也许真能成呢。"大家不再嬉笑和观望，开始真心盼望他能成功地种出甘薯。徐光启每天都到地里查看甘薯苗的长势，过了不久，就发现甘薯秧子已经长得十分茂盛，一片葱绿。徐光启疲惫的脸上终于露出了笑容。

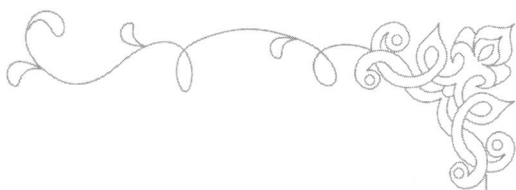

PART 02

今朝最可贵，拥有当珍惜

我们总是在憧憬未来，怀念过去，却容易忽视现在的美好。然而，未来似乎遥不可及，过去却已经成为永久的过去。我们能够把握的反而是常被我们忽视的现在，因为只有现在才是最真实的。无数的事实，都在向我们陈述：今朝最可贵，拥有当珍惜。

任何困难都会向进取者低头。

——［英］霍尔曼

把握当下每一寸光阴

人生是一张单程票，过去了就永远无法回头，所以，请把握当下的每一寸光阴。请珍惜人生的每一天、每一刻、每一个瞬间，把你人生的每一秒过成永恒的辉煌！

因为人生没有草稿纸，没有涂改液，而生活也不会给我们打草稿的机会，更不会让我们有重新来过的机会，所以，请把握好现在，认真地对待现在，珍惜你拥有的，留住现在的美好。

◆ 人生没有回头路

人生是一条单行道，既宽且堵，宽是自由选择的象征，堵是命运多舛的暗喻。有的时候你能在这条宽阔的路上自由地行驶，有的时候却被堵得无法动弹。然而是宽是堵，是顺畅还是停滞，你都只能沿着这条道向前行驶，无法掉头。

既然人生不能掉头，不能重新开始，

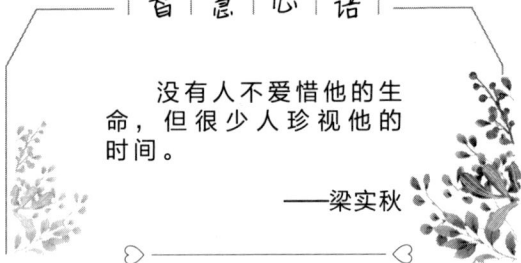

智 | 慧 | 心 | 语

没有人不爱惜他的生命，但很少人珍视他的时间。

——梁实秋

那么，我们就应该珍惜现在，珍惜我们的所有。让每一分，每一秒都过得十分有意义。

汤姆·奥斯丁是一位名医，他接触到因烦恼和忧虑而生病的人越来越多，他们总是因为过于烦恼以前和忧虑未来，长期闷闷不乐，从而毁坏了健康。

为了更彻底地治疗这些人的病，他给他们开了一个简单而有效的方子："每一个刹那都是唯一。"

意思是说：我们活在今天，只要做好今天的事就好了，无须担忧明天或后天的事；我们活在此刻，就要好好珍惜此刻的时光，因为每一个瞬间都是独一无二的。

他说："无限珍惜此刻和今天，还有什么事情值得我们去担心呢？每天只要活到就寝的时间就够了，往往不知抗拒烦恼的人总是英年早逝。"

的确如此，如果每天都处于忧虑中，身体就像一根绳子般拉来拉去，迟早会拉断。如果每天都在忧虑未来，痛苦过去，我们怎么能享受现在呢？

既然我们的人生不可以重来，那么，请用你的眼睛摄下每一瞬间的精彩，用肢体感受全部的美好，别让生命留下遗憾。

◆ 过好此刻才最真实

在做任何事情的时候都请全身心地去做。当我们吃东西的时候，要全然地吃，不管在吃什么；当我们玩乐的时候，要全然地玩乐，不管在玩什么；当我们爱上对方的时候，要全然地去爱，不计较过去，不算计未来，全然地投入，全然地享受。

就像《飘》的女主角郝思嘉一样，在烦恼的时刻总是对自己说："现在我不要想这些，等明天再说，毕竟，明天又是新的一天。"昨天已过，明天尚未到来，想那么多干吗？过好此刻才最真实，否则，此刻即将消失的时光，要到哪里找去？

虽然郝思嘉是小说里的人物，但是她的理念和思想却和我们的现实生活是相通的。

利明小时候跟外祖母一起生活，但在读小学的时候，他的外祖母过世了。外祖母生前最疼爱他，小家伙无法排除自己的忧伤，每天茶不思饭不想，也没有心思学习，整天沉浸在痛苦之中。

周围的人都说他是个懂感情的好孩子，他的父母却很着急，因为，一天两天的伤悲是正常的，一周两周的伤悲也可以理解，但大半年都过去了，他还时时哭泣，不肯好好吃饭和学习，他的行为严重影响了正常生活。

虽然他的爸爸妈妈很着急，却不知道如何安慰他。有一次，利明的老师来家访，看到此情形，决定要和小男孩聊聊天，帮助他。

"你为什么这么伤心呢？"老师问他。

"因为外祖母永远不会回来了。"他回答。

"那你知道还有什么永远不会回来吗？"老师问。

"嗯……不知道。还有什么永远不会回来呢？"他答不上来。

"所有时间里的事物，过去了就永远不会回来。就像你的昨天过去了，它就永远变成昨天，以后我们也无法再回到昨天去弥补什么；就像你爸爸以前也和你一样小，如果在他童年时不愉快地玩耍，不牢牢打好学习基础，就再也无法回去重新来一次；就像今天的太阳即将落下去，如果我们错过了今天的太阳，就再也找不回原来的了。"

利明明白了老师所说的道理。从此之后，每天放学回家，在家里的庭院里看着太阳一寸一寸地沉到地平线以下，就知道这一天真的过完了，虽然明天还会有新的太阳升起，但永远不会有今天的太阳。他懂得不再为过去的事情而沉溺，而是好好学习和生活，把握住现在的每一个瞬间。他也顺利地从失去外祖母的痛苦里走了出来，健康快乐地成长着。

是啊，每一天的太阳都是新鲜的，每一个刹那都是唯一的，过去了就无法再回头，所以我们需要格外珍惜人生的每一时刻。

"现在"是你唯一能拥有的

请学会享用我们现在所有的安乐、幸福，不要遗憾那些我们得不到的事物。不必为那些失去的、得不到的东西而伤怀感伤，因为得不到的东西不一定是好的，而你得到的、你所拥有的才会构成你的幸福！

你是不是会为那些你曾经得不到的事物遗憾、懊恼、惆怅？其实，得到或者得不到，是很现实的结果，但这个结果，却能直接影响人的心境和前进的脚步。

然而，人们往往容易为那些得不到的事物遗憾感伤，认为那些得不到的都是最好的，而对于自己已经得到的，却不知珍惜。

◆ 用微笑面对错过

笼中的老虎向往着在野地里的老虎，可以自由自在；而野地里的老虎却向往着笼中老虎，

可以三餐无忧。这两只老虎，都认为得不到的东西就是好的。

然而，如果把笼中的老虎放到野地里或者把野地里的老虎放到笼中，它们都会死。因为习惯了的生活方式，就很难再改，后悔也来不及！

所以，无论东西也好，人也罢，喜欢却不能拥有，与其让自己负累，倒不如放轻松地面对。努力了，尝试了，也不能挽回他擦肩而过的脚步，那就试着用平静的心微笑着目送他远离，无须为错过的、未曾得到的扼腕叹息，因为手中总有值得我们呵护珍惜的，远方总有值得我们追求的！

◆ 将现在握于手中

小孩子最美妙的一点，就是他们会完全沉浸于现在的片刻里。不论是观察甲虫、画画、筑沙堡，还是从事其他活动，他们都能做到全神贯注。

一个高中生想："有朝一日，我毕业了，不必再挨师长的训，日子就好过了！"毕业之后，他又觉得必须离开家才能找

到真正的快乐。离家进入大学后，他又告诉自己："拿到学位就好了！"好不容易领到文凭，这时他又发现，快乐要等找到工作才能实现。

他找了份工作，从基层干起。不消说，快乐还轮不到他。一年一年过去了，他不断把获得快乐和心灵平静的日期往后挪，一直到退休……最后在享受至高无上的快乐之前，他却去世了。他把所有的现在都用于计划一个永远没有实现的美好未来。

你听了这样的故事，觉得心有戚戚焉吗？你认识一些永远把快乐留到未来的人吗？快乐的秘密，说穿了很简单，就是你的生活必须以现在为中心，要在生命的旅途中享受快乐，而不是把它留到终点才享用。

活在现在，也就是要从现在从事的工作本身找到乐趣，而不只是期待它最后的结果。如果你正在家中写作业，你的每一笔，都该能令你感到愉快。你该享受拂面的清风，听院中小鸟歌唱，以及享受周遭的一切。

我们往往为尚未发生的事烦恼不已，受尽折磨，但如果细看唯一属于我们的现在这一刻，我们会发现，根本没什么大不了的问题！

为拥有而骄傲，发现身边幸福

珍惜现在的拥有，其实并非安于现状自我陶醉，而是要有一份执着。不要等到我们想闻花香时，已是冰天雪地；不要等到想与青春共舞时，已白发苍苍。那样的人生充满了悔恨的泪水。时光不会倒流，这样只会给我们的人生留下深深的遗憾。

人类的眼睛似乎更愿意关注那些我们得不到的事物，忽视自己所拥有的。丰子恺曾说过："自然的命令何其严重：夏天不由你不爱风，冬天不由你不爱日。自然的命令又何其滑稽：在夏天定要你赞颂冬天所诅咒的，在冬天定要你诅咒夏天所赞颂的！"是啊，这样的感觉几乎人人都有。人类似乎总是缺乏发现身边幸福的能力。

◆ 用心发现身边的幸福

| 智 | 慧 | 心 | 语 |

人不光是靠他生来就拥有的一切，而是靠他从学习中所得到的一切来造就自己。

——[德] 歌 德

有一个魔法师，他时常帮助别人，希望能感受到幸福的味道。

有一天，魔法师遇见一个农夫，农夫非常烦恼，他向魔法师诉说："我家的水牛刚死了，没它帮忙犁田，我怎能下田工作呢？"于是魔法师赐给他一头健壮的水牛，农夫很高兴，魔法师在他身上感受到了幸福的味道。

又有一天，魔法师遇见一个男人，男人非常沮丧，他向魔法师诉说："我的钱都被骗光了，没有盘缠回乡。"于是魔法师送给他一些银两做路费，男人很高兴，魔法师在他身上感受到了幸福的味道。

又一日，魔法师遇见一个诗人，诗人年轻、英俊，有才华而且富有，妻子貌美又温柔，但他过得不快乐。魔法师问他："你不快乐吗？我能帮你吗？"诗人回答说："我什么都有，只欠一样东西，你能够给我吗？"魔法师回答说："可以！你要什么我都可以给你。"诗人直直地望着魔法师："我想要的是幸福。"

这下子把魔法师难倒了，他想了想，说："我明白了。"

魔法师拿走诗人的才华，毁去他的容貌，夺去他的财产和他妻子的性命，做完这些事后便离去了。

一个月后，魔法师再回到诗人的身边，他那时饿得半死，衣衫褴褛地躺在地上挣扎。于是，魔法师把他的一切还给他，然后，又离去了。半个月后，魔法师再去看望诗人。这次，诗人搂着妻子，不住地向魔法师道谢，因为，他得到了幸福。

有的时候，人很奇怪，每每要等到失去后，才懂得珍惜。其实，幸福早就放在你的面前，只是你没有用心发现身边的幸福：肚子饿坏的时候，有一碗热腾腾的拉面放在你眼前，幸福；累得半死的时候，扑上软软的床，也是幸福；哭得要命的时候，有人温柔地递来一张纸巾，更是幸福。

◆ 适合自己的就是最好的

幸福很简单，只要珍惜自己拥有的，为自己拥有的感到骄傲，你就能发现身边的幸福，就能把握住当下的时光，享受当下的幸福，留住现在的美好。

英国民间流传一个故事，叫《约翰逊的鞋子》，说英国有一种交换鞋子的风俗习惯：你往马路上一站，摆出一种特定的姿势，表示愿意和别人换鞋子，别人愿意换的话，你得出点钱贴补对方。约翰逊那天就站在十字路口和别人换鞋，换了以后，觉得仍不舒服，于是继续再换。钱一次次贴了很多，直到傍晚时分才好不容易换到一双鞋，穿在脚上很舒适。回家一看，原来竟是自己穿出去的那一双。

　　是啊，多么有趣又多么富有哲理的故事啊！生活中，不少人常犯的一个错误就是很不在意自己已经拥有的东西，发现不了其存在的价值，把眼睛朝向外界，走不出"外来和尚好念经"的怪圈。萌生自己要和别人换鞋的念头是认为自己的鞋不如别人的舒服，没有充分认识到自己拥有的东西的价值。殊不知，适合自己的就是最好的，珍惜自己拥有的才是最聪明的。

果断出击，不要与机会失之交臂

在你的生活中，你是不是也碰到过这样的人：他们很优秀，能力也很突出，但是他们生活得并不是很如意，也没有做出与他们能力相称的业绩来。这是因为他们没有遇到或者没有抓住机会，因为机会是成功的催化剂，是人生步步登高的阶梯。

其实，机会会公平地出现在每一个人面前，它没有势利眼，不存在厚此薄彼的问题。为什么有些人常常抓不住机会呢？机会就像风一样，有经验的船夫善于抓住风，张开帆，顺着风向，利用风力，使船只一日千里。不会利用的人，只能在原地打转转。

◆ 主动出击，抓住机会

善于抓住机会的人，在机会来临时懂得果断出击。

人不能创造时机，但是他可以抓住那些已经出现的时机。

——［英］雪 莱

弗莱明是20世纪初著名的药理学家，他在实验室用试瓶培养了许多用作实验的病菌。有一天，他发现其中一个试瓶因为不小心被不明物体侵入，使一些培养在里面的细菌死了。弗莱明仔细分析这现象，高兴异常，终于从中研究出这一不明物体为什么能杀死细菌，从而发明了拯救无数病人的抗生素。

这个故事有什么含义呢？第一，弗莱明是幸运儿，因为这个结果不是他所预期的，完全是一种偶然的机遇。第二，如果不是弗莱明，换了别人，可能就看不出试瓶里细菌死了的变化，不懂其含义，也就把握不住这一千载难逢的机会。第三，如果弗莱明脑子简单，他也许就会把那个试瓶丢掉，换一个新的。幸亏他敏感，没有丢掉试瓶，这才抓住了机会。这就告诉我们，抓住机会，要靠敏感的观察力，还要有敏捷的出击力，否则，就会与之失之交臂。

◆ 很多机会都只有一次

有些朋友，我们以为有很多机会相见，所以总找借口推脱一些见面机会，到想见的时候已经没了机会；有些话，本来有很多机会说的，却总想着以后再说，要说的时候已经没机会了；有些事，本来有很多机会做的，却一天一天推迟，想做的时候却发现没机会了；有些情，温暖了你很多年，你一直想报答，却总是难以开始，等想报答的时候，它已经消失了。在我们的生命中，很多机会都只有一次，失去了它，你便失去了一种生活；得到了它，你的命运或许就在机会中得到改变。

春秋战国时期，楚国有个擅长射箭的人叫养由基。他能在百步之外射中杨柳叶，并且百发百中。楚王羡慕养由基的射箭本领，就请养由基来教他射箭。养由基把射箭的技巧倾囊相授。楚王兴致勃勃地练习了好一阵子，渐渐能得心应手，就邀请养由基跟他一起到野外去打猎。

打猎开始了，楚王叫人把躲在芦苇丛里的野鸭子赶出来。野鸭子被惊扰地振翅飞出。楚王弯弓搭箭，正要射猎时，忽然从他的左边跳出一只山羊。楚王心想，一箭射死山羊，可比射中一只野鸭子划算多了！于是楚王又把箭头对准了山羊，准备射它。可是正在此时，右边突然又跳出一只梅花鹿。楚王又想，若是射中罕见的梅花鹿，价值比山羊又不知高出了多少，于是楚王又把箭头对准了梅花鹿。忽然大家一阵子惊呼，原来从树梢中飞出了一只珍贵的苍鹰，振翅往空中窜去。楚王又觉得射苍鹰好。

可是当他正要瞄准苍鹰时，苍鹰已迅速地飞走了。楚王只好回头来射梅花鹿，可是梅花鹿也逃走了。再回头去找山羊，山羊也早溜了，就连那一群野鸭子都早已飞得无影无踪了。

楚王拿着弓箭比画了半天，结果什么也没有射着。

这就是机会，它对每个人都是平等的，且稍纵即逝。与其放掉它再去后悔，不如果断出击，在开始的时候就牢牢地抓住它。

大珠小珠落玉盘

大咖故事会

在《秦中吟》和《新乐府》这些诗篇中，有的揭露了宦官仗势欺压百姓的罪恶，有的讽刺官僚们穷奢极侈的豪华生活，有的反映了劳动人民的痛苦遭遇。由于白居易的诗反映现实，触犯了当权者的利益，后来被降职到江州（今江西九江）去当司马了。

白居易无辜受到贬谪，到了江州之后，心情十分抑郁。江州这个地方比较偏远，平时连一点儿音乐也听不到。在一个秋天的夜晚，他正在浔阳江头和友人话别。就在这一片寂静之中，忽然听到江上传来一阵清脆的琵琶声，听来让人觉得无限悲戚，竟然将离别的凄苦都冲散了。

白居易叫人一打听，原来弹奏者是一个漂泊江湖的歌女。

"江上月白风清，如此良辰美景，你为何弹奏得如此凄苦？"

"大人，我原本在长安居住，因弹一手好琵琶，也见惯了长安城中的盛景。后来弟弟去从军再也没有回来，我年龄也渐渐大了，不能像以前那样挣钱养家。如今嫁给了一个茶商，随他来到这偏远的江州。由于商人忙于赚钱而经常冷落于我，每每月夜，我都只能用琵琶来排遣郁闷之情。这里的水都是苦涩的，没有长安的甘甜。您说，我能不难过吗？这曲子当然就听着悲苦了些。"

白居易听这个歌女是长安口音，不由怀想起繁华的大唐帝都，更想起自己被皇帝疏远。听到她流落此处的遭遇，引起白居易满腔心事。他灵感大发，即席创作了著名的叙事长诗《琵琶行》，诗中说："我闻琵琶已叹息，又闻此语重唧唧。同是天涯沦落人，相逢何必曾相识。"歌女听到一个朝廷官员，能够倾听自己的心曲，并为一个普通的歌女写诗，非常感动。她用自己娴熟的技艺，又为白居易弹奏了一曲。那美妙的音符，时高时低，正是"嘈嘈切切错杂弹，大珠小珠落玉盘"。

正是感情的真挚，正是白居易对劳苦大众的体谅之情，才使这首长诗充满了华彩，并在文学史上留下了宝贵的一页。他的诗歌创作展现了众生疾苦，反映了百姓心声，是时代的记录者。

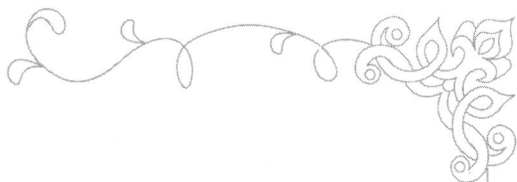

PART 03

预见未来，创造未来

　　不是不够努力，也不是不够坚持，而是，最好的还没有到来。任何事情最后都会有一个好结局，如果结局不好，那就是因为还没有结束。如果一直抱有这样的信念，整个人生就会因此变得明亮起来！

最困难的时候，也就是我们离成功不远的时候。

——［法］拿破仑

迈出第一步的勇气

　　成功属于谁？成功属于那些充满自信、锲而不舍的追求者。他们永远全身心地投入，永远保持着高度的热忱。当然，要做到不屈不挠并不容易，人人都有脆弱的时候，没有必要永远硬着头皮保持一副硬汉形象。有时候，你的理想会显得那么遥不可及，或者看上去只是一个无法实现的幻想，原因很可能在于你自己太急于求成了。这时不妨放慢节奏，循序渐进。成功人士往往比别人先行一步，日积月累，他们的身后便留下一串超越常人的值得骄傲的业绩。懂得了这个道理，才会成功。

　　有一个人欲到普陀寺去朝拜，以酬夙愿。

　　可是他距离普陀寺有数千里之遥，一路上，不仅要跋山涉水，而且还要时时提防豺狼虎豹的攻击。

启程之前，众徒都劝他："路途遥遥无期，还是放弃这个念头吧。"

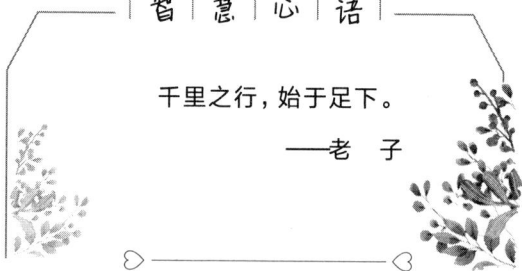

| 智 | 慧 | 心 | 语 |

千里之行，始于足下。

——老 子

这个人肃然道："我距普陀寺只有两步之遥，何谓遥遥无期呢？"

众人茫然不解。

这个人解释道："我先行一步，然后再行一步，也就到达了。"

是啊，世上无论做什么事情，只要你先走出一步，然后再走出一步，如此循环，就会逐渐靠近心目中的目标了。如果你连迈出第一步的勇气都没有，那还谈什么成功呢？

◆ 你的下一步就可能是成功

有位名人曾这样说：成功取决于我们是否敢于迈出第一步。第一步是重要的，敢于迈出人生的第一步，你学会了走路；敢于迈上社会的第一步，你学会了处事、交际。可是，想要自己的人生光彩照人，就要敢想、敢做、敢走出第一步。如果你想要比别人成功，你必须付出别人不能付出的艰辛和恒心，每天空想着自己要比别人强，要比别人成功，而不付诸行动，注定一事无成。

从现在开始，坚定你的理想，开始行动，迈出走向成功的第一步。

你有想过如何迈出成功的第一步吗？很多成功人士的第一步都是从失败开始的。

而正是第一次的"失败"，让很多人对成功望而却步，不敢再迈出第二步。殊不知，你的下一步就可能是成功。

有两兄弟，都想走向成功之路。有一天，他们遇到了时间老人，请时间老人为他们指出一条通向成功的道路。时间老人给他们指明道路后就消失了。

两兄弟异常高兴，回到家后，他们准备了一些干粮、水和衣服，就踏上了这条路。刚开始，两人走得很轻松，都认为想要成功并不是很难。可是，第二天就下起了雨。然而，两人想要成功的心情很迫切，都没有避雨，而是继续赶路。由于下雨，路开始变得泥泞光滑，两兄弟时不时摔跤跌倒。

走着走着，老大摔倒的次数越来越多。而老二摔了几次之后，就再也没摔倒过。

就这样，老二走进了成功的殿堂，老大还在成功之路的途中跋涉。老二回来后，老大问："老二，你为什么先成功了？我们走的是同一条路呀！"老二说："没什么，我摔倒了爬起来之后，不是急匆匆地继续赶路，而是先思考总结自己为什么会摔倒，以后怎样才能不摔倒。"老大听了，后悔极了：自己摔倒爬起来之后，总是急匆匆赶路，总以为这样会快点走进成功的殿堂，可结果却适得其反。

故事简单但道理深刻。每个人都想走向成功的道路，因此都要必须跨出第一步。第一步是成功也好，是失败也罢，都需要摆正自己的心态，因为只有迈出第一步才会有第二步的到来，才会越靠近成功。

◆ 比别人先行一步

每一次的成功和收获都要通过大量的努力和代价来实现，如果你害怕失败而不敢迎接挑战，那么你的斗志是不是就没有了呢？我们不应该碰到困难就不敢再向前，更不能想到种种困难就迟迟不敢迈步。每个人都有着自己的远大抱负，但慢慢地他们的这种心消退了，就是因为他们给自己内心深处设下了层层阻碍，考虑了很多失败的后果却忽略了那些成功后的成绩。

因此，明确了方向，确定了目标，就应该用实际行动去追求你的理想和目标。

一个专门以大型动物为目标的猎人遇到一只雄伟的孟加拉虎。由于那只老虎就在眼前，猎人忙不迭开了一枪，不料却打偏了。庆幸的是，老虎对着猎人扑过来时，竟也跳过了头，一下扑了个空。

猎人返回扎营的地点后，开始练习短距离射击。他决定不能因为毫无准备而丢掉一条命。

隔天，当他回到森林时，第一眼看到的仍是那只老虎。它正在练习短距离扑击。

人的成长是一个过程，绝非一蹴而就的事情。这需要我们付出很多努力。在这个过程中，你必须日积月累，成功的到来就会比你预计得要早。

从改变自己开始

成功不是追求得来的，而是被改变后的自己主动吸引来的。突破自己固有的想法，靠自己拯救自己，用创新的眼光来看待这个世界，才是获得成功和快乐的新视角。一条大河起初弯弯曲曲地在山区奔涌，当它不断调整方向后才能自由地奔向浩瀚的大海。大河无法改变蓝天、风雨和山地，但它勇敢地改变了自己，从而走向了辉煌。

由此可见，改变自己是如此的重要。而要成功，那就从改变自己开始吧。

◆ 一扇由内开启的改变之门

在英国威斯敏斯特教堂地下室里，英国圣公会主教的墓碑上写着这样一段话：

当我年轻自由的时候，我的想象力没有任何局限，我梦想改变这个世界。

当我渐渐成熟明智的时候，我发现这个世界是不可能改变的，于是我将眼光放得短浅了一些，那就只改变我的国家吧！

但是我的国家似乎也是我无法改变的。

当我到了迟暮之年，抱着最后一丝希望，我决定只改变我的家庭、我亲近的人——但是，唉！他们根本不接受改变。

现在，在我临终之际，我才意识到：如果起初我只改变自己，接着我就可以改变我的家人。然后，在他们的激发和鼓励下，我也许就能改变我的国家。再接下来，谁又知道呢，也许我连整个世界都可以改变。

每个人的内心都有一扇只能由内开启的改变之门，这扇门从外面是推不开的，只能由内向外推。如果你不愿意打开这扇门，不论在外面如何动之以情，晓之以理，一切还是无效。想要改变自己，就要改变自己的内心，更要深刻地领悟到"改变"的本质。

有一条小河从遥远的高山上流下来，流经很多个村庄与森林，最后来到了一个沙漠。它想：我已经越过了重重的障碍，这次应该也可以越过这个沙漠吧！

当它决定越过这个沙漠的时候，它发现它的河水渐渐消失在泥沙当中，它试了一次又一次，总是徒劳无功，于是它灰心了。"也许这就是我的命运了，我永远都到不了传说中那个浩瀚的大海。"它颓丧地自言自语。

这时候，四周响起了一阵低沉的声音："如果微风可以跨越沙漠，那么河流也可以。"原来这是沙漠发出的声音。小河流很不服气地回答说："那是因为微风可以飞过沙漠，可是我却不行。"

"因为你坚持你原来的样子，所以你永远无法跨越这个沙漠。你必须让微风带着你飞过这个沙漠，到达你的目的地。只要你愿意放弃你现在的样子，让自己蒸发到微风中。"沙漠用它低沉的声音说。

小河流从来不知道还有这样的事情，它无法接受这样的概念，毕竟它从未有过这样的经验，叫它放弃自己现在的样子，那不等于是自我毁灭了吗？"我怎么知道这是真的？"小河流问。

"微风可以把水汽包含在它之中，然后飘过沙漠，到了适当的地点，它就会把这些水汽释放出来，于是就变成雨水。然后这些雨水又会形成河流，继续向前进。"沙漠很有耐心地回答。

"那我还是原来的河流吗？"小河流问。

"可以说是，也可以说不是。"沙漠回答，"不管你是一条河流还是看不见的水蒸气，你内在的本质都没有改变。你会坚持你是一条河流，是因为你从来不知道自己内在的本质。"

此时在小河流的心中，隐隐约约地想起了自己在变成河流之前，似乎也是由微风带着自己，飞到内陆某座高山的半山腰，然后变成雨水落下，才变成今日的河流。

于是小河流鼓起勇气，投入微风张开的双臂，消失在微风之中，让微风带着它，奔向它生命中的梦想。

改变是一种生存状态，人生一直处于改变之中。要明确改变的主体是自己：从幼稚到成熟是改变自己，从懦弱到勇敢是改变自己，从平凡到伟大，从拒绝到接纳，从厌恶到热爱……都是对自己的改变。

改变自己是一种成熟，一种勇气，一种修养，同时更是一种睿智。改变自己是对自我的超越，最终必将获得人生的成功；反之，不愿改变或不善于改变自己常导致失败，最终必将给社会、人生留下遗憾、痛苦和悔恨。

改变自己，就是对自己人生的改变。有位哲人说：改变自己的思想，可以更加自信、坚强。实际上，人的一生有很多事情都是无法选择的，比如身高、身材和长相，这是天生的，谁也改变不了的。

◆ 让自己变得更好

古人云：严于律己，宽以待人。人，最应该改变的是自己，只有严格地要求自己，不断地改变自己，才能让自己变得更好、更优秀、更杰出、更自信，生活的世界才有可能因此而变得更美好。

有句话说得好：要想有不同的结果，就得有不同的做事方式；要想有不同的生活世界，就得有不同的自己。

正是如此，要让事情改变，就必须先改变自己；要让事情变得更好，就必须先让自己变得更好。如果你感觉自己做事不够成功，首先检讨的应该是自己，看自己有没有需要改进的地方。

有这么一句话是："要成功，一定要从改变自己开始！"

改变自己，并不是件容易的事情。但是，我们仍要坚信，人们只有经过挫折的不断洗礼，才能够克服挫折而改变自我，迎来成功的人生。

中央电视台的主持人张越，可谓是家喻户晓，众人皆知。可是，又有多少人知道她成功的背后，也有着一段艰辛的心路历程。

在她上大学的时候，常因自己的体态发胖、长相不佳而自闭。在同学和老师面前，在浪漫的玫瑰面前，她总是紧紧地关上自己的心灵之窗。面对着身材苗条的女同学，她害怕看见穿在别人身上那美丽的花裙子。就这样封闭了一段时间后，她苏醒了，她决心增长自己的学识和德行。多年的努力奋斗以后，她变成一个气质非凡的女记者。

张越正是在自己的人生道路上，勇于改变自己，懂得改变自己，才扭转了人生的轨迹。我们很难改变别人，我们只能通过改变自己来影响别人；我们不要抱怨别人，我们只有通过让自己变得更优秀来征服别人。这是一种思维方式的问题，改变别人是很困难的，即使改变了别人，你也不会有什么进步，而多反省自己，时刻提醒自己还可以做得更好，你就能够改变自己，使自己得到进步。

有时候，改变一下自己的弱点，就会发现自己的生活更加丰富多彩；有时候，改变一下自己的想法，就会发现自己变得更加自信和坚强。

请记住：成功从改变自己开始。

谁来决定你的情绪

在成功的路上，最大的困难其实并不是缺少机会或资历，而是缺乏对自己情绪的控制。愤怒时，不能制怒，就会把许多稍纵即逝的机会白白浪费。

人人都是自己最好的医生，你能使自己痛苦，也能使自己快乐，只有自己最了解自己，生活的主宰就是你自己。

做自己情绪的主人，对自己的人生、自己的生活都有着很好的帮助。生活在现实生活中的每个人都会不可避免地遇到各种各样的困难和挫折，不可能一辈子都一帆风顺，而重要的就是要善于自我调理，做情绪的主人。

◆ 不做情绪的奴隶

如果有人问你，你对自己的情绪负责吗？你可能说：情绪怎么能随便控制呢？有高兴事就乐，有伤心事就悲，这是人之常情嘛。这说起来容易，可做起来就难了。

情绪大致可以分为正面情绪与负面情绪。生活中，大家经常会出现乐观、希望、自信心、勇气和毅力等积极的心态，同时也伴有愤怒、痛苦、忧愁、悲伤、害怕、厌恶、羞愧和惊慌等消极的负面情绪。可是，谁又可以决定它呢？答案是：你自己。你只有做情绪的主人，不被它所奴役，这样的生活才精彩。

在你的一生中，你是做被情绪控制的弱者，还是做控制情绪的主人？这些就在你的一念之间。

唐代中晚期著名文学家、具有"诗豪"之称的刘禹锡，在任监察御史期间，曾经参加了王叔文的"永贞革新"，反对宦官和藩镇割据势力。最后革新以失败告终，之后刘禹锡被贬至安徽和州县当一名小小的通判。

按规定，通判应在县衙里住三间三厢的房子，可和州知县看人下菜碟，见刘禹锡是从上面贬下来的"软柿子"，就故意刁难他。知县先安排刘禹锡在城南面江而居，刘禹锡不但无怨言，反而很高兴，还随意写下了两句话贴在门上："面对大江观白帆，身在和州思争辨。"和州知县知道后很生气，吩咐衙里差役把刘禹锡的住处从县城南门迁到县城北门，面积由原来的三间减少到一间半。新居位于德胜河边，附近垂柳依依，环境也还可心，刘禹锡仍不计较，并见景生情，又在门上写了两句话："垂柳青青江水边，人在历阳心在京。"那位知县见其仍然悠闲自乐，满不在乎，再次派人把他调到县城中部，而且只给一间仅能容下一床、一桌、一椅的小屋。

半年时间，知县强迫刘禹锡搬了三次家，面积一次比一次小，最后仅是斗室。面对如此刁难，刘禹锡仍然不温不火。他在自己简陋的居室里，欣然提笔写下了超凡脱俗、情趣高雅、千古传诵的《陋室铭》，并请人刻上石碑，立在门前。

面对刘禹锡安贫乐道的志趣和高洁傲岸的情操，知县无可奈何了。

遭贬是古时众多文人命运的主色调，他们身怀报国之志，步入仕途，却不谙为官献媚之道，终究逃不过种种打压与不快。刘禹锡不幸被贬谪，接踵而至的是面对和州知县的百般刁难，没想到刘禹锡每到一处都坦然接受，即使住所简陋，仍能怡然自乐，还成就了令人口耳相传的名作《陋室铭》。刘禹锡心中并不是没有怨气，而是他善于控制情绪，心胸宽广，才使得他政治上的失意成就了文学上的巅峰。

一个阳光灿烂的人，热爱生活，真诚待人，积极工作，热爱家庭，坚信人生处处有晴天，这样积极的情绪，让他对生活、对人生充满激情，处处是"春风得意"。可是，一个小小的变故，会改变他的一切。以前看周围的人都很美好，现在觉得人心晦暗，自私卑鄙者、歪曲事实者居多，真正的积极正义，公道善良者少。在残酷的竞争和功利心驱动下，为了自己的利益，不讲良心，看到别人好，就会产生嫉妒。

可见，情绪多么的重要，它左右着人的心态，而心态又决定了人的一生。在情绪中，往往最可怕的是情绪上的偏激。这种偏激，还有可能导致人生道路的歪曲。

情绪上偏激，就不能正确地对待别人，也不能正确地对待自己。见到别人做出成绩，出了名，就千方百计诋毁贬损别人；见到别人不如自己，又冷嘲热讽，借压低别人来抬高自己。处处要求别人尊重自己，而自己却不去尊重别人。在处理重大问题上，意气用事，我行我素，主观武断。像这样的人，干事业、搞工作，成事不足，败事有余，在社会上恐怕也很难与别人和睦相处。

无论何时何地，做好自己情绪的主人都是很重要的。

◆ 用理智的"闸门"控制情绪的"洪水"

美国著名的心理学家卡耐基说过：人的成功，取决于百分之十五的智商和百分之八十五的情商。而这个情商，绝大部分来自你的情绪。

你要知道，唯有低能者才会江郎才尽，你不是低能者，除非你使自己变为一个情绪失控的人。你一定要不断地对抗那些企图摧毁你的力量，特别是隐藏在你心里的顽疾。当你领悟了人类情绪变化的真正奥秘，那么对于自己千变万化的个性，你就不再听之任之。你已经懂得，一个人唯有积极主动地控制好情绪，才可以主宰自己的命运。

一旦你控制了自己的情绪，你就主宰了自己的命运，也就能够成为世界上最伟大的成功人士！

在你的人生中，你若控制不好自己的情绪，你就是个失败者。

1965 年 9 月 7 日，在纽约，世界台球冠军争夺赛最后一场比赛开始了。前几个回合中，路易斯·福克斯十分得意，因为他远远领先对手，只要再得几分便可登上冠军的宝座了。

然而，路易斯正在得意自己可以稳操胜券夺冠时，一只苍蝇落在了主球上。这时的路易斯本没在意，一挥手赶走苍蝇，俯下身准备击球。可当他的目光落到主球上时，这只可恶的苍蝇又落到了主球上。

这时观众讥笑了他，使他失去了冷静和理智，用球杆去打苍蝇，结果不小心杆碰到了主球，被裁判判为击球，从而失去了一轮机会，也失去了冠军。

由此可见，能力不一定决定着胜负。可以说，路易斯并不是没有能力拿世界冠军，而是由于心理上的致命弱点：对待影响自己情绪的小事不够冷静和理智，不能用意志来控制自己，最终失掉了冠军。

那么，有人不禁要问：怎样才能增强自制能力？心理学家总结说：作为人，我们要会用理智的"闸门"控制住自己情绪的"洪水"。

有人建议：假如你正在努力控制自己情绪的话，可准备一张图表，写下你每天体验并且控制情绪的状况，这种方法可使你了解情绪发作的规律和原因。一旦你发现刺激情绪的因素时，便可采取行动除掉这些因素，或把它们找出来充分利用。

还有，你必须控制你的思想，必须对思想中产生的各种情绪保持警觉性，并且视其对心态影响的好坏而选择接受或拒绝。优化好自己的情绪，方能走向成功。

不要只做言语上的巨人

行动就像是一场漫长的投资，而成功则是对长期投资的一次性回报。成功始于行动，不断地追求成功，这才是生命的真谛！

俗话说得好：不要做言语上的巨人，行动上的矮子。人们不是听你说什么，而是看你做什么。行动才会有成功，不行动，再好的想法和机会都不会成功，只要你行动了，就具备了50%的成功机会。

◆ 用行动照亮我们的人生

生活中，我们随处可以见到一些"行动的矮子"，虽然他们想法很多，但总是不见其行动，他们不是武断地认为某件事根本不可能有结果，而是说行动的时机还没有来临。这些人只会为自己找千百种借口。

古人云：言必行，行必果。做行动的巨人，照亮我们的人生。

| 智 | 慧 | 心 | 语 |

伟大的思想只有付诸行动才能成为壮举。

——［英］威·赫兹里特

在我们生活中，阻碍我们行动的，往往是心理上的障碍和思想中的顽石，而不是事情本来有多么的困难。如果你认为一件事情值得去做，就立刻行动，不要拖延，最后你会发现你确实能够做到。因为没有行动一切都是空谈，拖延才是让你停步不前的根本原因。

从前，有一户人家的花园中摆着一块大石头，挡在路中间。到花园的人，走路都不方便。

很多次，有人建议将它移开，可是主人总是说："这块石头在这已经有很长时间了，它的体积那么大，不知道怎么搬。"

就这样，日复一日，年复一年，这块石头一直留到了他的下一代。

有一天，他的孙子问他："爷爷，这块石头放这，让人看了不顺心，怎么不搬走它呢？"他还是这样回答："算了吧！那颗大石头很重的，可以搬走的话在我小时候就搬走了，哪会让它留到现在啊？"

小孙子不相信，带着锄头和一桶水，将整桶水倒在大石头的四周。他下定决心，即使是花上三天两夜的工夫也要把这块石头撬出来搬走。十几分钟以后，小孙子用锄头把大石头四周的泥土搅松。但谁都没想到，几分钟以后他就把石头撬松并移走了。

故事短小，道理却很深奥。行动就是一切，有些事情不要只看表面给人造成的假象就望而远之，不敢靠近。

有位名人说：我们要敢于思考"不可想象的事情"，因为如果事情变得不可想象，思考就停止，行动就变得无意识。没有引发任何行动的思想都不是思想，而是梦想；没有任何行动的想法都不是梦想，而是空谈。一味空谈，而不付诸行动，再美好的梦想终是黄粱一梦。

◆ 动起来的力量无穷大

成功者努力找方法去行动，失败者拼命找借口去埋怨！想要超越竞争对手，需要在思考上、学习上、工作上和行动上投入更多的时间！

著名演讲大师齐格勒，在给某大学做演讲的时候，给学生们举了这样一个例子：

一个几厘米的小木块可以让停在铁轨上的火车头无法动弹，你们相信吗？不信也得相信，这是科学道理。但是，火车头一旦动起来，这小小的木块就再也挡不住它了。当它开到时速最高时，一堵厚 5 米的水泥墙也能撞穿。火车头的威力变得如此强大，只在于它动起来了。

动起来的力量是无穷大的。人亦如此，当人们只是坐在那儿空想自己的未来而不付诸行动时，就像火车停止，无法动弹，只能是白日做梦。但是，人一旦行动起来，便会产生巨大的力量，挖掘出人的无限潜能。

常言道：千里之行，始于足下。在有梦想有目标的世界里，要勇于面对困难和挫折，在它们面前，不要退缩，要行动起来。因为只有行动了才会成功。有些人后退了，往往是在困难面前拿着放大镜看，其实，去和困难斗争后会发现原来也不过如此。

卖报歌

聂耳的歌曲在今天依然流传甚广，耳熟能详，这都源于他的创作贴近生活，贴近大众。

聂耳对劳苦大众有着深厚的感情，他经常踏着晨霜夜路体验女工上班的辛苦，从而创作出《新女性》。聂耳还与小报童交上了朋友，那首著名的《卖报歌》正是在这种环境下吟诵出来的。

那是在1933年秋天的一个傍晚，聂耳约朋友周伯勋出去走走，他边走边对朋友说："这条路上有一位卖报的小姑娘，卖报时喊的声音很是动听，感觉就像一首短歌。"他想让周伯勋也去听一听。当他们走到吕班路口时，果然看到了一个小姑娘在十字路口走来走去，匆忙地卖着晚报，人流涌动，她用清脆、响亮、有序的声音叫卖着报名和价钱。

小姑娘的声音听起来真的宛如夜莺。聂耳走过去买了几份报，同时跟她聊了起来，小姑娘告诉聂耳，她父亲有病，家庭生活非常困难，所以她才小小年纪就出来卖报纸。在回家的路上，聂耳沉重地说："很想把卖报儿童的悲惨生活写出来，邀请田汉或者安娥写词。"过了几天，安娥把词写好了，聂耳再次找到了那位小姑娘，把歌词念给她听，然后问她有没有不合适的地方，小姑娘想了一下，说："都挺好，但如果能把铜板能买份报的话也写在里边，我就可以边唱边卖了。"聂耳回去立即和安娥商量，在歌词中添上了"七个铜板就买两份报"的句子。后来那位小姑娘真的一边唱一边卖报，她的歌声使她的生意也好了起来。虽然现在聂耳已去世了，但他的《卖报歌》却长存于世。

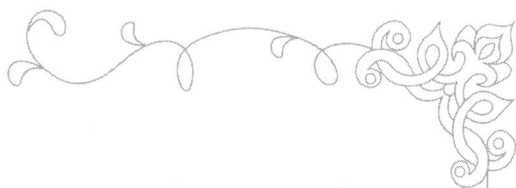

PART 04

用努力赢得底气

那些成功的人，他们成功的秘密没有别的，他们就是一些选准了努力方向就一往无前的人，就是一些永不放弃的人，就是一些坚持不懈的人。一个人取得成功的最重要因素，不是在于他的头脑是否聪明，选择了哪一个专业，而是看他是否一生都在朝着一个方向努力。

不经巨大的困难，不会有伟大的事业。

——［法］伏尔泰

选择正确的努力方式

一个人做事行动力强，固然是一种获取成功的必备能力，但是，如果没有为自己选择一个正确的努力方式的话，那么，拥有再强的执行力，付出再多的努力也都是一种枉然。不论事情有多难做，我们都要衡量其价值，如果开始就错了，那么，你之后为这件事所付出的努力都是没有价值的。

◆ 你努力的方法对了吗

一个人不怕吃苦受累，当然是优秀品格，如果是自讨苦吃，就另当别论了。不错，你是很努力，可是在你抱怨之前，是否认真检讨过自己，方法都对了吗？任何一件事，解决问题的方法有很多种，总有一种是最简单方便的，如何才能达到四两拨千斤的效果，这就需要智慧。

从前有个穷人，偶然机会得到一头死骆驼。他欣喜万分，把骆驼运回家后，立即找来一把刀，动手剥皮。

那把刀没用几下就钝了，磨刀石在楼上，他就先上楼去磨刀，然后下楼剥皮。没多久，刀口又变钝了，他又上楼去磨刀，再下来干活。如此上下往返，跑了几趟后，他已累得气喘如牛，心想这样不行，得想办法把骆驼和磨刀石放在一起才好。

于是，他找来一根结实的绳子，费了九牛二虎之力，终于把笨重的骆驼吊上了楼，这样磨刀就方便多了。旁人见状，无不嘲笑。

只要把磨刀石拿到楼下，问题就能轻松解决，他偏偏选择了最笨的办法。花了很大的力气，却收获甚微，这是用打老虎的力气去拍苍蝇。

由此也不难看出，此人为何会一生穷困潦倒。

在一堂化学课上，老师拿出两种白色粉末状物体，告诉学生分别是盐和糖，然后问学生，有什么办法可以把它们区分开来？学生们用尽平生所学，努力开动脑筋，答案五花八门：

先将样本溶于水，给水加热，出现结晶的是盐，全部蒸发掉的是糖；用火灼烧样本，熔化的是糖，发糊且有咸焦味的是盐；用手指碾揉潮湿的样本，发黏的是糖，散开的是盐；把样本分别放入锅里爆炒，熔化的是糖，噼啪作响的是盐；请蚂蚁帮忙，被蚂蚁包围的是糖，不受欢迎的是盐；把手指割破，撒上样本，痛的是盐，不痛的是糖。

最后两种方法已经极具想象力了，不过仍是"上楼磨刀"，费大力气办小事。

老师演示了最简单的方法：用嘴去尝，咸的是盐，甜的是糖。

◆ 努力经营你的长处

人只有一辈子，倘若毕生的精力都花在一件毫无意义的事情上，也太对不起自己了。为什么有的人明明很努力，却一事无成？多半是选错了"战场"。每个人都有自己擅长的领域，但凡有所建树的人，都是努力经营长处的结果。

有一个人，日夜不停地磨一块大石头。此人非常有毅力，每天刻苦勤奋，坚持不懈。寒来暑往，几年时间过去，他终于大功告成，把一块巨石磨成了一个小小的玩具牛。

目标错了，坚持就是失败，放弃就是胜利。

吴宗宪最早是歌手出身，发行过好几张专辑，坚持了好几年，总是不红。为了生存，他不得不身兼数职，既当歌手又当主持人，有时还在电视上跑跑龙套。歌没唱红，他那诙谐的口才和搞笑的本领却渐渐展露出来。

吴宗宪发现了自己的长处，果断放弃了当歌星的梦想，转行当了主持人，全力以赴进军电视行业，终于成为一代综艺天王。后来，他深有感触地说过：一个常胜将军，不是因为他多会打仗，而是因为他懂得选择战场——后来我发现电视才是我的战场。可以想象，假如吴宗宪还在坚持唱歌，恐怕永远默默无闻。

世界上有天才，但绝没有全才，因此明了自己是一块什么样的材料至关重要。把计算机玩得烂熟的人，未必能遨游商海；对绘画悟性极高的人，看建筑图也许像看天书；乔丹是篮球飞人，却是个蹩脚的棒球手……此正所谓寸有所长，尺有所短。

所谓成功，其衡量标准当然不仅仅是金钱，否则那些富家子弟还未出生就注定是成功者了。成功是指一个人的人生价值得以体现，因此我们在选择职业时不应仅仅计较这个职业能给自己带来多少金钱和权力，还应考虑这个职业能否使自己全力以赴、能否使自己的品格和长处得以充分发挥、能否从中使自己得到极大的乐趣。

一个人无论怎样勤勉刻苦，也不可能万能，因此我们完全不必苛求自己事事拿手、样样精通。人生的诀窍就在于扬弃自己的短处，经营自己的长处，这是使我们走向成功的先决条件之一。

切不可因某种诱惑而用自己的短处搏人生，切不可因自己的长处一时无处施展而将其抛弃。选好自己的人生坐标，锲而不舍地经营自己的长处，岁月老人终会使我们有所收获。

努力获取成功的机会

认准了的事情，就不要优柔寡断；选准了一个方向，就只管上路，不要回头。要知道，机遇就像闪电，只有快速果断才能将它捕获。立即行动是成功人士共同的特质。如果你有好的想法，就应该立即行动；如果你遇到了一个好的机遇，就立即抓住它。只有行动起来，成功才会成为可能。

生活中没有 100% 稳赢的事情，只要有 50% 稳赢的概率就应该赶快付出努力，拿出行动，而不要犹豫不决。做生意、创业、投资都不是问题，只要下定决心、学好模式、用好技能、克服恐惧和障碍心理，看准了就采取行动，那么，我们就有了努力后获取成功的机会。

◆ 总有些人光说不做

| 智 | 慧 | 心 | 语 |

无论什么思想，都不是靠它本身去征服人心，而是靠它的力量。

——[法] 罗曼·罗兰

在生活中，有很多人做事总是拿不定主意，失去了许多取得成功的机会，这都是他们心中的犹豫在起破坏作用。犹豫是一种不好的恶习，为什么这么说呢？一起来看看下面这个故事。

有个人在一天晚上碰到一个神仙，这个神仙告诉他说，有大事将要发生在他身上，他会有机会得到很大的一笔财富，在社会上获得卓越的地位，并且娶到一个漂亮的妻子。这个人终其一生都在等待这个奇异的承诺，可是什么事也没发生。他穷困地度过了他的一生，孤独地老死了。当他死后，他又看见了那个神仙，他对神仙说："你说过要给我财富、很高的社会地位和漂亮的妻子，我等了一辈子，却什么也没有。"

神仙回答他："我没说过那种话。我只承诺过要给你机会得到财富、一个受人尊重的社会地位和一个漂亮的妻子，可是你让这些机会从你身边溜走了。"这个人很迷惑，他说："我不明白你的意思。"神仙回答道："你记得你曾经有一次想到一个好点子，可是你没有行动，因为你怕失败而不敢去尝试吗？"这个人点了点头。

神仙继续说："因为你没有去行动，这个点子几年以后被另外一个人想到了，那个人一点儿也不害怕地去做了，他后来变成全国最有钱的人。还有，你应该还记得，有一次发生了大地震，城里大半的房子都毁了，好几千人被困在倒塌的房子里。你有机会去帮忙拯救那些存活的人，可是你怕小偷会趁你不在家的时候，到你家里去偷东西，你以这作为借口，故意忽视那些需要你帮助的人，而只是守着自己的房子。"这个人不好意思地点了点头。

神仙又说："那是你去拯救几千个人的好机会，而那个机会可以使你在城里得到多大的尊崇和荣耀啊！"

"还有"，神仙继续说，"你记不记得有一个头发乌黑的漂亮女子，你曾经非常强烈地被她吸引，你从来不曾这么喜欢过一个女人，之后也没有再碰到过像她那么好的女人。可是你觉得她不可能会喜欢你，更不可能会答应跟你结婚，你因为害怕被拒绝，就让她从你身旁溜走了。"这个人又点了点头，这次他流下了眼泪。

神仙说："我的朋友啊，就是她！她本来该是你的妻子，你们会有好几个漂亮的小孩，而且跟她在一起，你的人生将会有许许多多的快乐。"

世界上有很多人光说不做，总在犹豫；有不少人只做不说，总在耕耘。要明白，成功与收获总是光顾有了成熟的方法并且付诸努力的人。有些人空有一身才学，却不懂得合理地运用，还总是对萌生的想法犹豫不决，迟迟拿不出行动来。有这种恶习的人，很难做成大事。

◆ 培养立即行动的习惯

有人曾做过一个总结，说各行业中首屈一指的成功人士都有一个共同的优点：办事言出即行，绝不犹豫。此种优点会取代智力、才能和社交能力，来决定一个人的收入和财富增长速度。虽然这个道理很简单，但在生活和工作中，却有很多人不懂。我们常常会看到很多自恃有才的人抱怨自己"怀才不遇""选错了婆家、嫁错了郎"，可是，平心静气地想一想，这样的场面是否似曾相识：很多的书应该去读，很多的准备工作应该去做，很多的交易应该立即执行，可是到头来却总是没能采取行动，以至于浪费了大把的宝贵时间，错过了一次又一次的良机。

因此，困扰我们的并不是没有机会让我们施展才华，而是不知道去努力，总是犹豫不决。那么，如何才能够培养立即行动的习惯，改掉犹豫的恶习呢？可以从以下几个方面去做。

1. 记住，想法本身不能带来成功

想法很重要，但是，它只有在被执行后才有价值。一个被付诸行动的普通想法，要比一打被放着改天再说或等待好时机的好想法来得更有价值。如果你有一个觉得真的很不错的想法，那就为它做点什么吧。

2. 用行动来克服恐惧、担心

不知你有没有注意到，公共演讲最困难的部分就是等待自己演讲的过程。即使专业的演讲者和演员也会有表演前焦虑、担心的经历，但是一旦开始表演，恐惧就消失了。要知道，行动是治疗恐惧的最佳方法。万事开头难，一旦行动起来，你就会建立起自信，事情也会变得简单。

3. 积极发动你的创造力

我们对创造性工作最大的误解之一，就是认为只有灵感来了才能工作。万不可机械地等待灵感光临，与其等待，不如积极发动你的创造力马达。

通过上述方法，或许你就能变被动为主动，从而也就可以为自己捕捉到成功的机会。

培养努力进取的精神

想创出一番事业，学习有所建树，做好面对困难的挑战甚至面对失败的准备是必要的。另外还要去行动，并不断地向着既定的目标努力前进，这样我们才能够变不可能为可能，让梦想成为现实。

为什么有的人能成功，有的人则总是与成功无缘？成功学家指出，这是因为前者在有了梦想后，会努力用行动去完成它，而后者则缺乏努力进取的精神。有了梦想是好的开始，但只有努力行动才能把好的开始变成好的结果。

◆ 为了梦想去奔波

一个名叫西尔维亚的女孩，她的父亲是有名的整形外科医生，母亲在一所大学担任教授。西尔维亚在念中学的时候，就一直想当电视节目的主持人。西尔维亚常常说：

"只要有人给我一次上电视的机会，我相信我一定能成功。"

西尔维亚虽然这样说，但并没有为她的理想而做出任何的行动和努力，只是一直在等待着奇迹能出现在她的身上。一晃10年过去了，结果西尔维亚什么奇迹也没有等来。

另一个名叫辛迪的女孩却实现了西尔维亚的梦想。这是为什么呢？其原因在于：辛迪不像西尔维亚那样有可靠的经济来源，所以，她没有在那等待着机会的出现，她很努力地为了自己的梦想去奔波。辛迪白天去做工，晚上在大学的舞台艺术系上夜校。毕业之后，她开始谋职，跑遍了洛杉矶每一个广播电台和电视台，但是，每个地方的经理对她的答复都差不多："不是已经有几年经验的人，我们不会雇用的。"

辛迪并没有为此退缩，而是努力地走出去寻找实现梦想的机会。她一连几个月阅读广播电视方面的杂志，终于看到了一则招聘广告：北达科他州一家很小的电视台招聘一名播报天气预报的女孩子。她抓住这个工作机会，动身去了北达科他州。

辛迪在那里工作了两年，最后在洛杉矶的电视台找到了一个工作。又过了 5 年，她得到了提升，终于成为一名成功的电视节目主持人。

"梦想成真"对于每个人来说都是一个最美好的心愿。每个人也都有自己的梦想，有些人还抱有很好的想法、目标和计划。因此，让梦想成真，就成了实现自身价值的一个重要途径。但是，在生活中，有的人有了梦想之后，要么长期犹豫不决，迟迟不能用实际行动去实现梦想；要么碰到一点儿困难就打退堂鼓，放弃努力，甚至彻底放弃自己的梦想。再美好的梦想与目标，再完美的计划和方案，如果不能在行动中努力落实，那也只能是纸上谈兵，空想一番。

西尔维亚没有做到自己想做的事情，而辛迪却如愿以偿地实现了自己的梦想，原因就在于：西尔维亚一直停留在自己的幻想里，虽然她有好的家庭条件，但她并没有合理地利用，更没有做出一丁点的努力和行动，只是坐等着机会的到来；而辛迪却为自己的梦想采取了行动，并且通过自己的努力，最终一步步地实现了心中的愿望。

◆ 实现梦想是一个艰苦的过程

在实现梦想的过程中，不仅要"肯做"，还需要锲而不舍地"努力做"。实现梦想往往是一个艰苦的、努力的过程，而不会一下子就能一步到位，立竿见影。

有个叫布罗迪的英国教师，他在整理阁楼上的旧物时，发现了一叠练习册，它们是皮特金幼儿园 B（2）班 31 位孩子的春季作文，题目叫《未来我是——》。

他本以为这些东西在德军空袭伦敦时在学校里被炸飞了，没想到它们竟安然地躺在自己家里，并且一躺就是 50 年。

布罗迪顺便翻了几本，很快便被孩子们千奇百怪的自我设计迷住了。

比如有一个同学说自己将来必定是法国总统，因为他能背出 25 个法国城市的名字，而同班的其他同学最多也只能背出 7 个。

最让人称奇的是一个叫戴维的小盲童，他认为将来他必定是英国的一个内阁大臣，因为在英国还没有一个盲人能进入内阁。

总之，31 位孩子都在作文中描绘了自己的未来，有当驯狗师的，有当领航员的，有做王妃的，五花八门，应有尽有。

布罗迪读着这些作文，突然有一种冲动：何不把这些本子重新发到同学们手中，让他们看看现在的自己是否实现了 50 年前的梦想。

当地一家报纸得知他的这一想法，为他发了一则启事，没几天书信向布罗迪飞来，他们中间有商人、学者及政府官员，更多的是没有身份的人。

他们都表示很想知道儿时的梦想，并且很想得到那本作文本。布罗迪按地址一一给他们寄去了作文本。

一年后，身边仅剩下一个作文本没人索要，他想这个叫戴维的人也许死了，毕竟 50 年了，50 年间什么事都会发生。

就在布罗迪准备把这个本子送给一家私人收藏馆时，他收到内阁教育大臣布伦克特的一封信，这位大臣在信中说：那个叫戴维的是我，感谢你还为我们保存着儿时的梦想。不过我已经不需要那个本子了，因为从那时起我的梦想一直在我的脑子里。我没有一天放弃过，50 年过去了，可以说我已经实现了那个梦想，今天我还想通过这封信告诉其他的 30 位同学，只要不让年轻时的梦想随岁月飘逝，成功总有一天会出现在你的面前。

布伦克特的这封信后来被发表在太阳报上，因为他作为英国第一位盲人大臣，用自己的行动证明了一个真理：假如谁能把 3 岁时想当总统的愿望持续 50 年，那么他现在一定已经是总统了。

成功总是青睐于那些有所准备的人。当看到别人的成功时，我们应当了解，他们背后的行动和付出是平常人都难以想象和做到的。

努力让想法成为现实

一个只知道空想的人，如果不付诸行动，那么，永远都不可能梦想成真。对一件事有计划、有目标当然是需要的，但要想让计划、目标成为现实，就必须付出行动。

要记住：想法再多，都比不上一个行动更具有现实意义。

行动就是力量，唯有努力行动才可以改变一个人的命运。十个空洞的幻想远远比不上一个实际努力后的行动。

在生活中，我们总是在憧憬，有计划而不去执行，其结果只能是一无所有。

成功，不仅要有想法，而且更要去努力把它变成现实。

无论是过去还是现在，许多成功人士在工作中都是充满活

| 智 | 慧 | 心 | 语 |

人要是惧怕痛苦，惧怕种种疾病，惧怕不测的事情，惧怕生命的危险和死亡，他就会什么也不能忍受。

——［法］卢 梭

力的，他们以常人难及的激情和热情努力地投入到工作中，为自己执着追求的事业而献身。

◆ 时时想到"现在"

"现在"这个词对成功的妙用是无穷的，而"明天""下个礼拜""以后""将来某个时候"或"有一天"，往往就是"永远做不到"的同义词。有很多好计划没有实现，就是因为在应该说"我现在就去做，马上开始"的时候，却说了"我将来有一天会开始去做"。

你一定要从自己做起，从当下做起，而不是寄希望于未来。你的方向应该是自己，而不是他人。如果你把满足自我需求的希望放在他人身上，最终一定会失望，更不会获得真正的幸福。也不能寄希望于未来，因为千里之行始于足下，无论什么样的目标，都要从当下的一点一滴做起。放下吧，既然告别了过去，那就全然地生活在当下。

因为你无法修改过去，只能吸取经验让当下不再发生同样的遗憾。那如何活在当下呢？很简单，就是永远跟你自己在一起，永远跟你眼前相处的人在一起，永远跟你做的事情在一起，永远跟当下的每时每刻在一起。

有一天，一位先生宴请美国名作家赛珍珠女士，林语堂先生也在被请之列，于是，他就请求主人把他的席位排在赛珍珠旁边。席间，赛珍珠知道座上有许多中国作家，就说："各位何不以新作供美国出版界印发？本人愿为介绍。"

座席上的人当时都以为这是一种普通敷衍的说词而已，未予注意。唯独林语堂先生当场一口答应，并搜集其发表于中国之英文小品成一册，送之赛珍珠，请为斧正。赛珍珠因此对林博士印象极佳，其后乃以全力助其成功。

由这段故事看来，一个人能否成功，固然要靠天才，要靠努力，但也要及时把握时机，不因循、不观望、不退缩、不犹豫，想到就做，有尝试的勇气，有实践的决心，这些因素加起来才可以造就一个人的成功。所以，有些人的成功在于一个很偶然的机会，但认真想来，这偶然机会能被发现、被抓住，并且被充分利用，却又不是偶然的。

想不想写信给一个远方的朋友，如果想，现在就去写；有没有想到一个对生意大有帮助的计划，如果有，马上就开始去做。时时刻刻记着本杰明·富兰克林的话："今天可以做完的事不要拖到明天。"这也是俗话所说的："今日事，今日毕。"

如果你时时想到"现在"，那么你就会完成许多事情；如果你常想着"将来有一天"或"将来什么时候"，那么你就会一事无成。

◆ 坐等其成，只会虚度时光

人世间真正的天才与白痴都是极少数的，绝大多数人的智力都是不相上下的。然而，有的人成就卓著，有的人却碌碌无为。原本是智力相近的一群人，成就却有着天壤之别。要知道，有成就的人与平庸之辈最根本的差别并不在于天赋，也不在于机遇，而在于有无人生奋斗目标、有无实现目标的努力精神。对于那些没有目标、没有行动的人来说，岁月的流逝只意味着年龄的增长，平庸的人只是在日复一日、年复一年地重复自己。

鲁迅的成功，有一个重要的秘诀，就是珍惜时间。鲁迅12岁在绍兴城读私塾的时候，父亲正患着重病，两个弟弟年纪尚幼，鲁迅不仅经常上当铺，跑药店，还得帮助母亲做家务。为避免影响学业，他必须做好精确的时间安排。

此后，鲁迅几乎每天都在挤时间。他说过：时间，就像海绵里的水，只要你挤，总是有的。鲁迅读书的兴趣十分广泛，又喜欢写作，他对于民间艺术，特别是传说、绘画，也深感兴趣。正因为他广泛涉猎，多方面学习，所以时间对他来说，实在重要。他一生多病，工作条件和生活环境都不好，但他每天都要工作到深夜才肯罢休。

在鲁迅的眼中，时间就如同生命。他说："美国人说，时间就是金钱。但我想：时间就是性命。倘若无端地空耗别人的时间，其实是无异于谋财害命的。"因此，鲁迅最讨厌那些"成天东家跑跑，西家坐坐，说长道短"的人。在他忙于工作的时候，如果有人来找他聊天或闲扯，即使是很要好的朋友，他也会毫不客气地对人家说："唉，你又来了，就没有别的事可做吗？"

诚然，条件成熟是成功的前提，但这并不是说等条件成熟了才能行动。坐等其成，只会虚度时光，要知道条件完全是可以由自己再创造的。不要再在想象中浪费掉每一天了，要想使自己的愿望有所收获，就必须让自己拿出实际行动来，每一天都努力。

金龟换酒荐李白

大咖故事会

　　贺知章生性旷达豪放，善谈笑，好饮酒，又风流潇洒，为时人所倾慕。今天，我们依然记得他"二月春风似剪刀"的美妙诗句。认识李白的时候，贺知章已年逾古稀，他读到李白的《蜀道难》时，一再停下来赞叹，认为此诗只有神仙才写得出来，因而称李白为"谪仙人"。

　　怀揣着梦想进京的李白，在长安的紫极宫结识了任太子宾客的老诗人贺知章。紫极宫其实就是老子庙。当贺知章看见仙风道骨的李白时，直呼其为"天上谪仙人"。顿生相见恨晚之感，要与之一醉方休。

　　贺知章与李白来到了长安城朱雀街南头的一家酒肆。侍女端来酒菜，贺知章问李白是否带来了代表作品。于是李白从怀里掏出几篇自己的诗文，递给贺知章。贺知章一边品读，一边赞赏，当他读了李白的《乌栖曲》《蜀道难》等诗后，称赞李白说，若不是神仙下凡，哪里能写成这样好的文章？

　　席间，李白想到自己仕途艰难，不免又唉声叹气，忧愁起来。贺知章问之，李白说："蜀道之难难于上青天，谁会想到这仕途之难，比蜀道之难还要难呀。"

　　贺知章劝慰道："太白，不要忧虑，蜀道虽难，也有天梯可达啊。有机会我一定会向皇上推荐你的。"两个人一直喝到日薄西山，才恋恋不舍地分手。

　　喝完了酒结账时，贺知章一摸袖兜才发现自己忘记带钱。店老板又不肯赊账，他又摸了摸腰间，突然他摸到了自己的金龟，便解下来，对老板说："就拿这个来换酒吧。"

　　李白说："不成，那么贵重的东西，怎么可以换酒喝呢？"

　　贺知章说："用金龟换酒和李太白对饮，是人生快事。这样才是我'四明狂客'的所作所为。"店老板高高兴兴地接过了金龟。

　　贺知章与李白二人，自此成为忘年之交，贺知章更是趁机把李白引荐给了唐玄宗。皇帝把李白召进宫中，任为供奉翰林。从此，李白声名鹊起，成为长安城有名的大诗人。

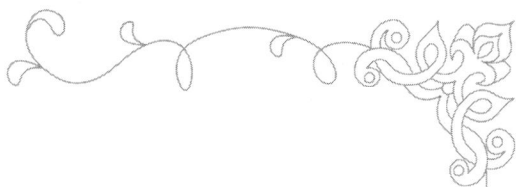

PART 05

换种心态去面对

不抱怨、向前看，事实就是这样。再抱怨、再不满，也改变不了事实。生活本来就是一个多面体，事物总是祸福相依、正反互转。为什么偏偏只看到负面的，而看不到正面的呢？换一种人生态度，变抱怨为希望，变不满为奋发！

没有战胜过困难，没有负过重荷的人，不能成为真正的人。

——［苏联］苏霍姆林斯基

走出青春之路的迷惘

无论你是迷惘或是坚定，都无须惶恐。不要恐惧自己的迷惘，也不要在迷惘中变得不知所措，因为无论你是怎样的人，你都会经历迷惘，最终走出迷惘。

决定人命运的不仅仅是所处的环境，更重要的是心态。心态控制人的行动和思想，也决定人的视野、事业和成就。面对先天的环境、财富，青少年无法改变，但青少年有选择是欢天喜地地努力，还是忧愁不已地活在埋怨中的权利。换种心态去对待老天赐给每个人的一切，你会发现，原来一切都还是那么的美好，这也是青少年走向成功不可或缺的财富。

◆ 不断找到新的目标

雪地上，如果你的眼前总是白色，并且一马平川、一望无际，那么十有八九，你会患上雪盲症。研究表明，

| 智 | 慧 | 心 | 语 |

青春时代是一个短暂的美梦，当你醒来时，它早已消失得无影无踪了。

——［英］莎士比亚

人的眼睛，需要从一个目标到另一个目标不断地转换。如果它在一定的时间里寻找不到一个可以参照的目标，它就会因焦虑、疲劳和迷茫而失明。

事实证明，眼睛总是要看到些什么才行。

在茫茫的大海上，如果眼睛总是注视着平静而无边的海水，人不但感觉不到平静，反而会感到紧张和无所适从。因此，人在面对茫茫大海时，产生的反应总是不敢长久地看下去，尤其是面对四周望不到头的海水。所以，人在海上，目光总是要禁不住地去寻找一只鸟、一座岛，或一条船。

而人的心和眼一样，需要不断找到目标，否则就会因为不适而生病。

许多人在命运的转换中，之所以会感到焦虑与不适，皆是因为内心的空泛和茫然。一些从工作岗位上退休的人，身心之所以出现疾病，原因也是因为人生突然失去了目标。

研究表明，无论什么人，无论他的生活状况怎么样，他的

心都要有目标，即落在某一个目标上，否则他就会茫然失措。

19世纪，有一艘从美国前往荷兰的商船，不幸在海上遭遇了强台风。在与强台风激战了几个小时后，商船撞上了一个小岛，变成一堆碎片，所幸船上的人都成功地攀上了小岛。

尽管一船货物全打了水漂，但人们随身携带的物品包括食物与枪支还在。也就是说，基本生活与人身安全还是能保证的。虽然不至于饿死，也不必害怕海盗和野兽的侵袭，但总不能在这个小岛上待一辈子吧。

渴望离开小岛的人们开始寻找各种机会。他们一致认为，要想离开小岛，首先得有一艘船。于是，有人自告奋勇地去砍伐树木，可是，还没有砍倒几棵树，他们便一个个累得气喘吁吁了。很显然，就凭他们几个人的力量，是砍不够所需的木头的，就更别说造一艘船了。

有人出主意，不如拿钱雇用岛上的居民。谁知，那些世代生活在岛上的居民根本就没见过钱，也不知道那些钱有什么用，所以，也就没人愿意给他们干活。

还有人出主意，不如用枪逼迫岛上的居民，用武力来让他们去砍伐树木，建造船只。这个方法确实奏效。但随后他们便发现，那些干活的人大都是些跑不动的老人，而年轻人早跑得没影了，更令他们没想到的是，不久，那些年轻人便拿着长矛大刀将他们围了个水泄不通。

最后，一个叫普林顿的人站了出来，他只不过跟岛上的居民比画了几下，就很快解决了问题，并最终成功得到了一艘船。

其他人不解地问普林顿："我们用金钱、武力都没有解决的事情，你怎么比画几下就解决了？你究竟跟他们比画了些什么？"

普林顿说："我只不过是拿着绘有城市的图画，向他们展示外面世界的新奇。看着他们由疑惑到渴望的眼神，我比画着告诉他们首先得有一艘船！"

如果你想造一艘船，先不要雇人去收集木头，也不要给他们分配任何任务，而要去激发他们对海洋的渴望。

现代人的紧张、彷徨、压抑、不明的痛苦，实际上都与内心目标的不明或失去有关。

心与眼是一样的，人的一双眼睛总是在不停地寻找着目标，而人的心，看似混乱，其实每时每刻都是被特有的目标所固定着的。一颗心，永远都是要挂在某个目标上的。

一旦失去内心的目标，人就会自动去寻找一个新目标，否则人根本无法活下去。

人生不能没有希望，我们的一颗心，无论何时何地，都要有目标。短暂也好，长久也好，人，什么时候都要鼓起勇气，去寻找心上的目标。这便是出路，也是人生，更是一种积极的、光明向上的生活态度。

◆ 谁的青春不迷惘

每个人都有过青春，所以每个人都有青春的回忆，因而也会有关于青春的文字。在这些文字中，有哀叹青春的易逝，有怀念青春的快乐，还有回忆青春的伤痛。它们大多是在劝导人们要珍惜青春，好好读书，莫要"白首方悔读书迟"，但关于青春最美丽的文字还是关于迷惘。

青春是迷惘的。青春时的我们仿佛站在一个个十字路口前，面前有着很多的选择。我们常常不知所措，所以我们常在找寻，找寻自己的方向、目标和梦想。

青春时的我们却又是倔强的。即便再迷茫，我们也会坚持最开始的梦想。我们会为我们的梦想而敢于和世界碰撞，哪怕会遍体鳞伤。

德莱塞说：青春是无法挽回的美丽。因为时间永不停歇且无法返回，所以每个人的青春只有一次。但青春又是美丽的，因为它是时间赐予人们的礼物。人们之所以写关于青春的文字，是为了纪念他们逝去的青春。就如同沙子从指缝中流下后，仍会留下金黄色的尘埃，证明它曾经存在过。

从泪水中学会微笑

对于成长之路，人们有很多形象的比喻。有人说成长的过程就像剥洋葱，一层层地剥开，终有一片会让你落泪；也有人说，成长是由无数烦恼组成的念珠，但需要我们微笑着把它数完。更有人说，成长的旅途必然淌满泪水。成长，就是从泪水中学会微笑的过程！

◆ 微笑意味着坚强

每个人的成长过程，都在高潮与低潮的轮回中沉浮。在四季循环往复之中，成长包含着酸甜苦辣。在成长的路上，我们曾经泪流满面，也曾经笑若桃花。既然艰辛与挫折无法逃避，困难与挑战无可避免，何不笑对成长之种种呢？殊不知，消极的泪水代表懦弱，积极的微笑才意味着坚强！

一位哲人在面对秋天瑟瑟飘零的落叶时大笑道："它不是凋零，不是陨落，它是胜利者的凯旋。"哲人不仅有笑对叶逝的明朗心境，还有更换心态看待事物的勇气。花中有刺与刺中有花不仅顺序有异，也有积极与消极之分，前者是泪洒消极，后者则是笑对积极。

在泪水中学会微笑，可以让你从容面对成长的坎坷，可以驱散少年的阴霾，化干戈为玉帛。可以增强信心，激发斗志，斧正思想，润清灵魂。古今中外，微笑诠释着一切美好，蒙娜丽莎的微笑散发着魅力，凡·高的微笑交织着执着，莎士比亚的微笑充盈着博大深邃，狄更斯的微笑深含着内蕴和高远。他们也曾遭遇过成长的痛苦和折磨，既有生活的困窘、创作的彷徨，也有思想和作品不被人接受的无奈……然而，他们最终在泪水中，不仅学会了隐忍的微笑，也学会了坚强与勇敢。

成长是一条艰辛的路，是一段艰难的旅程，泪中带笑需要一颗坚强的心。早晨的微笑预示着美好一天的开始，你的激情会因此而涌起，热情地投入到今天的奋斗之中；中午的微笑是对继续前进的加油蓄注，奋斗在海面上的悠悠远航再接再厉；晚上的微笑是收获了一天的满足，是对自己的肯定，是为踏上新的征程积蓄力量。

年少的你有泪不轻弹，不必抱怨学习中有太多的压力，微笑会将所有的压力化为通往成功的铺路石；也不必担心前进的道路上有太多的困难，微笑会让你看清这一切荆棘只不过是披着狼皮的羊；更不必责备上天的不测风云与旦夕祸福，微笑看待这天将降大任于斯人的考验。流泪是懦弱的表现，微笑是坚强的象征，成长之路上，再大的困难也要擦干泪水昂首阔步，再多的挫折也要用微笑串起一道道美丽的音符！

◆ 微笑可以化解苦难

微笑是世界上永不凋零的一种花朵，不分四季，不分南北，它会在困境之中顽强地绽放。用微笑把成长中的泪水埋葬，即使你饥寒交迫，也能感到人间的温暖；即使走入绝境，也会重新看到生活的希望；即使孤苦无依，也能获得心灵的慰藉。

有一个寓意深刻的故事：有一年冬天，父亲到院子找柴火，发现自家培育了多年的、准备建房用的大树竟然毫无生气，叶子也掉光了。他以为自己多年的心血全没了，便失声痛哭并砍断了枝丫。儿子却笑着说，明年春天，它肯定能再长起来的，并辛勤地护理起残存的树桩来。第二年春天，枯树上真的意外地萌发了一圈嫩芽，它居然活了下来！成长的路上，我们也会面临失望以及遗憾，或流泪沮丧，又或笑融冰雪。但要始终铭记，用微笑便能埋葬泪水，收获新的希望。对一切事物都要在笑容里充满信心，不要闷闷不乐时就放声痛哭，也不要在情绪的低谷里掩面而泣，坚强的微笑后面总是晴天。毕竟，冬天到了，春天还会远吗？

有人曾这样说过："人，不能陷在痛苦的泥潭里不能自拔。

遇到可能改变的现实，我们要向最好处努力；遇到不可能改变的现实，不管让人多么痛苦不堪，我们都要勇敢面对，用微笑把痛苦埋葬。有时候，生比死需要更大的勇气与魄力。"用微笑埋葬泪水，便能在成长的旅途中感受到清风抚摸树林的温暖，夕阳燃烧天空的炽热，浪花冲刷礁石的激情……

热情是成功者的重要特质

世界上最糟糕的事莫过于丧失热情，只要保持热情，即便失去一切，也会东山再起。

如果我们每天都能充满热情，不但自己受益，还可以使周围的人和我们一样过着积极而快乐的生活！何乐而不为呢？

如何走出困顿，迈向新的生活？从成功者的实践看，一个人的成功，与其倾注的热情有很大关系。

◆ 屡遭挫折而热情不减

在面对挫折时，是否能有坚定的信念，不轻言放弃，不轻易动摇？在漆黑无尽的暗夜里，能否守过黑夜，迎来曙光？绝不轻言放弃，让我们用那颗永不服输的心，去克服重重难关，突破每个艰难瓶颈。人生,将会在这坚韧的奋斗中,踏上新的高峰!

在历史上有一个很有名的故事,说的是一个在外与敌国作战的将军,由于种种原因总是吃败仗。在又一次被敌人打败之后,他急奏皇帝,一方面报告情况,另一方面寻求对策,要求援兵。他在奏折上有一句话是"臣屡战屡败……"

他看着这个奏折,觉得不妥,于是拿起笔,将奏折上的这句话改为"臣屡败屡战……",原字未动,仅仅是调整了顺序,顿时将原本败军之将的狼狈变为英雄的百折不挠。

这里我们不关心这个故事表达的权谋方面的含义,我们探究的是为什么"屡战屡败"会传达给人痛苦,而"屡败屡战"则带给人希望。

科学家曾经做过一个有点残忍的实验:将小白鼠放到一个有门的笼子里,笼子的底是金属的,然后给笼子底通上电流,使小白鼠受到虽然不致命,但会引起痛楚的电击。

如果将笼子门打开,小白鼠会立刻跑出笼子以逃避电击。但如果用一个玻璃板将笼子门堵住,那么小白鼠在遇到电击往外跑的时候,就会在玻璃板上撞一下,然后被挡回来。重复给笼子底通电,使小白鼠一次又一次地在企图逃跑的时候受到玻璃板的阻碍。最终，小白鼠学会了屈服，它伏在笼子里，被动地忍受着电击的折磨，完全放弃了逃跑的企图。

这时，即使将笼子门上的玻璃板移走，并且让小白鼠的鼻子从门伸出笼外，它也不会主动逃出笼子，而是绝望而被动地忍受着痛苦。小白鼠的这种状态，在心理学上被称为"习惯性无助"。

习惯性无助是描述动物（包括人在内）在愿望多次受挫以后，表现出来的绝望。这时的基本过程是退缩和放弃。对人来说，还有自我怀疑、自我否定和自我设限等，使人变得悲观绝望、听天由命，听任外界的摆布，任自己随着外力的强弱而波动起伏。

◆ 具有积极向上的力量和勇气

拿破仑·希尔曾经说过：如果你有一颗热情的心，那么毫无疑问，现实将会给你带来奇迹。

他回忆说，一次，在一个浓雾之夜，他和他的母亲从美国新泽西州出发，乘船渡江驶往纽约的时候，母亲看着滔滔江水，喜气洋洋地说："这是多么惊心动魄的情景啊！"

"有什么出奇的事情呢？"拿破仑·希尔不解地问。

拿破仑的母亲虽然年纪很大了，但她的声音里依旧充满了热情："你看，那浓雾，那船工的号子，那船只四周若隐若现的光芒，还有消失在雾中的风帆，这一切多么动人而美好，多么令人不可思议啊！"

或许是被母亲的热情所感染，拿破仑·希尔也被那厚厚的白雾，那远处若隐若现的船只所吸引。他说，那一刻，自己那一颗一向迟钝的心似乎突然得到了滋润，它开始渗透出一种新鲜的血液。从此，他对世界多了一颗探索之心和一种热爱之情，他感受到了人间万物的壮美。

当时，母亲注视着拿破仑·希尔，微笑着说："亲爱的儿子，一直以来，我都没有放弃过给你各种人生忠告。不过，无论以前的忠告你接受与否，但这一刻的话语，你一定要永远牢记。那就是：世界从来就有美丽和幸福的存在，它本身就是如此迷人，令人神往，所以，你自己必须对它拥有不倦的热情。这是你一生幸福的保证。"

拿破仑·希尔一直牢牢记着母亲的这些话，而且努力体会、感受世界，始终让自己保持着一颗充满热情的心。这使他不论在怎样的环境下，始终具有积极向上的力量和勇气。

热情，一方面是一种自发的素质，能使你始终保持自身的活力与斗志，同时，它又是一种珍贵的能源，能帮助你集中全身力量，投身于某一项事业或工作中，并获得巨大的驱动力。请你务必时时以热忱来面对生活中所有的事，能够让别人看到你发自内心的美。此刻起，开始和朋友分享你的热忱。

你一定要永远记住，热忱也是一种核心竞争力。

心态的好坏关系到结果的好坏

心态决定一切，心态好了看什么都顺眼，做什么事都顺心。比如学习，心态的好坏直接关系到学习的最终结果的好坏。就如法国著名作家拉伯雷所说的："生活是一面镜子，你对它笑，它也会对你笑；你对它哭，它也会对你哭。"如果每天都能保持乐观的心态，那么，每天的生活都是快乐和充实的。

◆ 以愉悦的心情对待事物

当你看到只有半杯咖啡时，你会怎么想呢？你会说"我还有半杯咖啡"，还是会说"我只有半杯咖啡"。"还有""只有"仅一字之差，但表现出的是完全不同的人生态度，一个是积极乐观，一个是消极悲观，而结果注定是一个成功，一个失败。在人的一生中，成功之路也不是畅通无阻，难免会遇到一些挫

智 慧 心 语

> 心态若改变，态度跟着改变；态度改变，习惯跟着改变，人生就跟着改变。
>
> ——[美] 马斯洛

折，面对挫折和困难，心态积极、乐观向上的人会接受挑战、应对挫折，无论做什么事都会以愉悦的心情对待，自然就有成功的机会，也可以说已经成功了一半；而消极悲观的人，总是怨天尤人、夸大困难，结果只能是碌碌无为，从而使自己的人生路走向下坡，掉进失败的深渊。

有一个国王想从两个儿子中选择一个做王位继承人，就给了他们每人一枚金币，让他们骑马到远处的一个小镇上随便购买一件东西。而在这之前，国王命人偷偷地把他们的衣兜剪了一个洞。中午，兄弟俩回来了，大儿子闷闷不乐，小儿子却兴高采烈。国王先问大儿子发生了什么事，大儿子沮丧地说：金币丢了！国王又问小儿子为什么兴高采烈，小儿子说他用那枚金币买到了一笔无形的财富，足以让他受益一辈子，这个财富就是一个很好的教训：在把贵重的东西放进衣袋之前，要先检查一下衣兜有没有洞。

乐观者因有积极的心态，所以总是可以保持清醒的头脑，在危难中找到转机；悲观的人即使给了他机会，他的眼里也只看得到危难。

现如今，随着信息时代的来临，社会的竞争也越来越激烈，对于肩负使命的青少年来说，也将要面对更多的压力与挫折，用怎样的态度去对待生活也决定了日后会有怎样的未来。

◆ 快乐是一种积极的处世态度

面对现实以及面临生存的竞争，怎样才能使自己保持乐观的心态，使乐观成为不可或缺的维生素来滋养自己的生命呢？

对于每一位青少年来说，乐观两个字说起来容易做起来难。英国思想家伯特兰·罗素曾说过："人类各种各样的不快乐，一部分根源于外在社会环境，一部分根源于内在的个人心理。"也就是说悲观随处可以找到，但要做到乐观就需要智慧，必须付出努力，敢于面对现实，才能使自己保持一种人生处处充满生机的心境。

人们无法通过自身的努力去改变自己的生存状态，但可以通过自己的精神力量去调节自己的心理感受，让自己达到最好的状态。要拥有乐观的心态，必须让自己的眼光停留在积极的一面，就如太阳落山后，伴随着黑夜的来临，也还可以看到满天闪亮美丽的星星一样。世界是向微笑的人敞开的。乐观是人快乐的根本，是困难中的光明，是逆境中的出路，乐观能让你收获果实，收获成功，改变现状。

以不同的心态去看待身边的事物，就会收到不同的效果。乐观的人总是能从平凡的事物中发现美。其实，生活中从来都不乏欢乐，只要你用心体会。正如一位智者所说的那样："一个人感兴趣的事情越多，快乐的机会也越多，而受命运摆布的可能性便越少。"当代青少年也应拿出面对生活的勇气，不要总是抱怨逆境，也不要把逆境当作是一种不幸，而应用积极乐观的人生态度看窗外美丽的景色。

培养出自己的"逆境商数"

成功者充满自信，和蔼可亲；失败者却总假装摆出强者的姿态。成功者全神贯注地盯着机遇，失败者的眼中却只有困难和问题。成功者抓住一切时间来充实自我、完善自我，失败者却把这些时间荒废在了对别人的批评上。

失败并不等于自己是一位失败者，不等于自己比别人差，不等于命运对自己不公，不等于自己一无是处，不等于自己浪费了时间和生命，不等于自己是一个不知灵活性的人，失败只能说明自己暂时还没有成功。笑着面对失败，在失败中感悟成功的真谛，感受成功光环的照耀。

◆ 认识失败中蕴藏的积极道理

|智|慧|心|语|

用自己的逆境与别人的顺境对比，是糊涂。用自己现在的逆境同自己以往的顺境对比，是愚蠢。用自己的逆境与他人的逆境相比，是卑微。

——刘心武

很多人不能接受失败，选择放弃来逃避。比如，放弃名誉、利益、权力，甚至于自己的生命。其实，这些面对失败选择逃避的人所不明白的是，即使逃避、哭泣都无法改变已经成为事实的东西，只有微笑着面对它、接受它、了解它、剖析它，才能很好地战胜它。

王洛宾，这位被誉为中国"西部民歌之父"的音乐大师，一生历经坎坷，身陷囹圄，妻离子散，然而他却以"胜似闲庭信步"的态度，投身于大西北的沙漠孤烟之中，创作了《在那遥远的地方》等多首西部民歌。

德国艺术家安格尔曾经说过："一个人可以被打倒，但不可以被打垮。"失败时不要灰心，微笑着去面对，懂得将失败化为前进的动力。在失败中，去学会成长。正如我们在备战高考的路途中一样，尽管我们会被挫折和失败一次次打倒，一次次倒下，但只要我们心中有信念，就能一次次地站起来，把辛酸的微笑留给昨日，用坚强的毅力和信念赢得最后的胜利。摔倒了，站起来，调整心态，明天又是一个崭新的自我。

成功和失败两者之间本身是相辅相成、互为前提而存在的，每个人的奋斗过程都是两者交织的过程，没有成功，就无所谓失败，同样，没有失败，也谈不上成功。成功能给我们带来欢乐和收获，而失败却能给我们带来经验和教训，让我们品尝百味人生。只要真心地奋斗、努力过，那么即使失败了也是一种成功，失败要比成功更加可贵。所以，对于青少年来说，一定要抛弃自己脑中固有的观念，笑对失败，方能认识到失败当中蕴藏的积极道理，获得成功人生。

◆ 失败未必是厄运

"失败是成功之母。"这句耳熟能详的名言，相信几乎所有的青少年都听过，但真正理解并做到的人却屈指可数。现在的青少年大都生活在和谐的社会背景中，成长在温室般的家庭环境下，几乎没有遭遇过较大的失败，或者说他们的人生还没有开始经历失败。因此，稍微有一点儿不如意就容易心灰意冷，失去斗志，其实大可不必这样。

吉姆·贝利现在是一名法官，他说罗姆尼最好的体育表现是第一次参加全国棒球巡回赛，虽然这场比赛在人声鼎沸的体育场以失败告终。尽管在公众面前挫败，但这没有影响罗姆尼的心情，他只是耸耸肩一笑而过。有时错误会让人迷失方向，但是罗姆尼退后一步，然后仔细思考在原来的基础上怎样才会走得更好。

终于，罗姆尼在共和党内初选失败的情况下再次出山，接受新一轮的挑战，这是经过四年的反思后做出的决定。他希望通过经验积累，成功踢走挡在他面前也曾是他父亲面前的通往总统之路的绊脚石，击败党内对手，成为一名共和党总统候选人。

"胜败兵家事不期，包容忍辱是男儿，江东子弟多才俊，卷土重来未可知。"一次的成功是由千百次的失败累积起来的。青少年没必要把失败看得如同豺狼虎豹，换个角度看，你就会发现其实失败对我们来讲未必就完全是一个厄运，也许它是一块绝佳的砺石呢！大千世界，芸芸众生，有谁又是常胜将军呢？

三百年内的孤独

大咖故事会

提起英国文学，就不能不提到劳伦斯，他是 20 世纪英国最独特和最有争议的作家，被称为"英国文学史上最伟大的人物之一"。

劳伦斯出生于矿工家庭，没有名门望族的声誉，也没有名牌大学的文凭，他所拥有的仅仅是才华。劳伦斯的父亲阿瑟·劳伦斯是一位矿工，所受的教育仅仅够他艰难地读报纸。母亲莉迪亚则是一位经过良好教育的女子，她读了很多书和诗歌，崇尚思想，喜欢和有教养的男人讨论宗教以及哲学、政治等问题。这样的一个家庭是十分不和谐的。在这样的家庭里，劳伦斯感到压抑和苦闷，他充满了对工业文明的憎恨和对宗教的思考。

当时的英国社会很注重人的出身、教养，社会上还弥漫着从维多利亚时代以来的清教徒风气。生长在这个时代里的劳伦斯是与众不同的，他是最早超越以贫富差别、阶级对立的传统视角批判工业社会的作家之一。

劳伦斯以独特的方式作为切入点，因为对以性心理为中心的自然本性的描写，他的《虹》屡次遭禁，《查泰莱夫人的情人》也被禁出版长达 30 年。

　　劳伦斯虽然生前也曾抱怨，三百年内无人能理解他的作品。但是，作品屡屡被禁的他却从未放弃，在近二十年的创作生涯中，这位不朽的文学大师为世人留下了十多部小说、三本游记、三本短篇小说集和数本诗集、散文集、书信集。在 20 世纪 60 年代其作品开禁之后，他立即成为人们最熟悉与喜爱的著名作家之一。

　　劳伦斯的一系列作品将汇入世界经典文学的河流中，他的名字也将镌刻在现代世界文学史和文化史上，闪耀着独特的光辉。

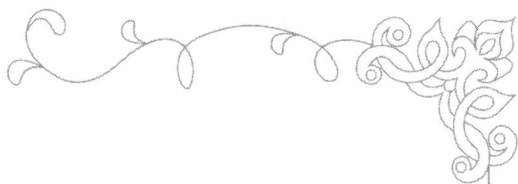

PART 06

吃苦是人生的一种资本

吃苦是年轻人最不应该拒绝的事情。过于顺利的成长，会消解人的意志，迷惑人的心智。吃苦是一剂良药，苦的滋味固然不好受，但吃苦的经历却能让人沉淀出智慧和力量，让心灵变得强大而宽阔，表现出生命的张力。

正如水果不仅需要阳光，也需要凉爽的夜晚和寒冷的雨水才能熟，人的性格的陶冶不仅需要欢乐，也需要考验和困难。

——［英］威·布莱克

在苦难中依然努力的人，才会成为强者

那些成大事者，都是能吃苦耐劳之人。屠格涅夫说："你想成为幸福的人吗？那你首先要学会吃苦。"吃苦对一个人来说，是一种努力的体现，更是人生的一种资本，这种资本会转化为幸福与财富。一个人只有吃得苦中苦，才会成为人上人。

◆ 在苦难中执着进取

虽然没有人愿意经历苦难，但一个人在苦难中可以磨炼出许多宝贵的品质。

获得诺贝尔奖的挪威作家克努特·汉姆生曾是移民，一生尝试了许多事情均告失败。最后，在绝望之中，他决定把所有失望的故事写成一本书，书名叫《饥饿》。没想到，这本书让汉姆生获得了诺贝尔文学奖。从此，来自世界各地登门求稿的出版商络绎不绝，他也名扬四海。

┌─ 智 | 慧 | 心 | 语 ─┐

极度的痛苦才是精神的最后解放者，唯有此种痛苦，才强迫我们大彻大悟。

——[德] 尼 采

对于作家来说，苦难可以成为他珍贵的人生阅历，丰富他的见识，加深他的思想。

类似的例子还有美国的著名作家杰克·伦敦。他于1876年出生在加利福尼亚州一户农民家庭里。在他10岁左右的时候，父亲就破产失业了。从那时起，他便不得不分担家里生活的忧愁。

他走街串巷当报童，到车站去卸货，到滚球场帮助人竖靶子……总之，为了活下去，他什么都干，把挣来的每一分钱全部都交给家里。正如他后来说的："差不多在早年的生活中我就懂得了责任的意义。"

14岁，杰克·伦敦小学毕业，进了一家罐头厂当童工。后来又到麻纱厂看机器，到发电厂烧锅炉。在工厂里，他饱尝了资本主义制度下童工生活的苦难：每天在非人的条件下常常要工作十多个小时，直到深夜11点才能拖着疲劳不堪的身子回家。后来，他在回忆这段生活时，愤慨地说："我不知道在奥克兰一匹马该工作多长时间。"他说自己成了"劳动畜生"。

17岁，杰克·伦敦受雇到一条小帆船上当水手，动身到日本海和白令海去捕海狗。海上的生活苦不堪言，可是，这次航海却增加了他的见闻，磨炼了他的意志，为他后来写作一系列海上故事积累了素材。

他刻苦自学，但由于家里一直太贫穷，他直到 18 岁才上中学。紧接着，又因为生活拮据而中途辍学。1896 年，他 20 岁时，靠自修考上了加利福尼亚大学，可是，只读了一个学期便因缴不起学费而退学。

失学后，他一边在洗衣店工作，一边开始业余写作，希望用稿费来补贴家用。可是，当时稿费不仅低，而且时常拖欠。有时候他为了马上得到稿费，甚至要跑到杂志社与出版商干上一架。

后来，杰克·伦敦又随众人到遥远的阿拉斯加去当淘金工人。由于缺乏营养，劳累过度，他患了坏血病，下肢几乎瘫痪。但是，北方壮丽的自然景色，淘金工人的苦难生活，印第安人的悲惨遭遇，却给他的文学创作提供了丰富的素材，如小说《渴望生存》便是收获之一。

苦难的刺激与磨炼，使杰克·伦敦成为一个具有特殊气质的作家。成为职业作家后，他 16 年如一日，每天工作 19 个小时，一共写了 50 本书，其中长篇小说就有 19 部。他的作品从一开始就坚持现实主义的原则，充分表现了生命的伟大、人同困难的斗争、人处在各种逆境中的反抗，给 20 世纪初的文坛带来一股生气勃勃的力量。

对于这些作家来说，苦难本身大大丰富了他们的人生阅历，但即使阅历再丰富，如果在苦难中不执着进取，那可能也成为不了一个强者。

◆ 对自己狠一点儿

我们没有"选择出生环境的权利"，但是我们绝对有"改变生活环境的权利"。当我们可以决定自己命运的时候，一定不能把命运寄托在别人身上！

因此，在最好的年华里，让我们想一想我还有什么心愿，还有什么梦想，我一定要完成它！人生如果没有梦想，岂不是最可怜的，岂不是比穷困和乞讨还糟糕？

许多人没有"开创精神""冒险精神"，他们不喜欢为自己订下目标，也不愿意吃苦，只想"坐享其成""一步登天"。但是，人的成功是很少有快捷方式的！

陶侃是东晋人，曾在广州做官。当时的广州地区，生产落后，人口不多。陶侃在那里没有多少公事可办，生活很清闲。但陶侃是一个有雄心壮志的人，他为了锻炼身体和磨炼意志，就叫人将一百多块砖放在院子里。每天一早，陶侃就把砖搬运到外面去，到了晚上，又把砖搬进屋子里。天天如此，从不间断。

家里人觉得奇怪，就问陶侃为什么要这样做。陶侃回答："我将来是要报效国家做大事的，如果生活过于舒适，将来怎么能担当重任，为国家效力呢？"过了几年，陶侃终于被调回中原，被皇帝重用。陶侃回到中原以后，尽管公务繁忙，但在广州养成的搬砖习惯一直没有放弃，以此来磨炼自己的意志。他常对人说："大禹是圣人，还十分珍惜时间，而普通人则更应该珍惜分分秒秒，怎么能够天天玩乐？活着的时候对人没有益处，死了也不会被后人记起，这是自己毁灭自己啊！"

　　陶侃的故事告诉我们，一个人要胸成大志，珍惜时间，严格要求自己，才能有所作为。年轻人不应该放弃理想，其实每个人心中都有好多愿望，这些就是生活的动力。但是，愿望不是想想就能实现的，需要为之付出、为之奋斗。因此，青少年都应该珍惜时间，朝着自己的愿望努力，争取在不久的将来实现它，拥有它。

安逸会磨灭人的志气

我们都知道，温室里的花朵是经不起风吹雨打的。一个人想要成就一番事业，也不能让自己太安逸。安逸的环境会磨灭一个人的志气，只有对自己狠一点儿，历经风雨，才能成为强者，创造出非凡的未来。

很多事实表明：你对自己越苛刻，生活对你就越宽容；你对自己越宽容，生活就对你就越苛刻。为了达到目标，我们应该努力让自己成为一个敢于吃苦、不怕吃苦的人。

◆ 历经风雨的洗礼，才能见到彩虹

想成功，就要对自己狠一点儿。"天将降大任于斯人也，

艰难困苦是幸福的源泉，安逸享受是苦难的开始。

——俞敏洪

必先苦其心志，劳其筋骨，饿其体肤……"要成就一番事业，必要经历一番苦难！不经一番寒彻骨，怎得梅花扑鼻香？经历过风雨的洗礼，才能见到夺目的彩虹！所以，想成功，就要对自己狠一点儿！

我们不能对自己要求过低，对自己过于宽容，轻易就原谅自己的过错，这对自己的长远发展毫无益处。上课，就得狠下心来逼自己专心听讲；背书，就得狠下心来逼自己快速过关；任务，就得狠下心来逼自己按时完成……只有这样，对自己狠一点儿，才有成功的希望；只有这样，严格要求自己，才能离成功越来越近。

宋代时，有个文学家叫范仲淹。父亲很早就过世了。范仲淹从小读书就十分刻苦，常去家附近长白山上的醴泉寺寄宿读书。那时，他的生活极其艰苦，每天只煮一锅稠粥，凉了以后划成四块，早晚各取两块，拌几根腌菜，调半盂醋汁，吃完继续读书。因此，后世便有了断齑画粥的美誉。但他对这种清苦生活却毫不介意，而是用全部精力在书中寻找着自己的乐趣。

司马光是我国北宋的大学问家。他一生酷爱读书。他住的地方，除了图书和卧具，再没有其他珍贵的摆设。卧具很简单：一架木板床，一床粗布被子，一个圆木枕头。为什么要用圆木枕头呢？说来很有意思：当读书太困倦的时候，一睡就是一大觉。圆木枕头放到硬邦邦的木板床上，极容易滚动，只要稍微动一下，它就滚走了。头跌在木板床上，"咚"的一声，司马光惊醒了就会立刻爬起来读书。司马光给这个圆木枕头起了个名字叫"警枕"。

世上没有白吃的苦。你今天每吃一份苦，就为自己未来的成功和辉煌积攒了一份可能、胜算和希望，今天的苦是为了未来更加幸福。

◆ 没有付出就没有回报

这个世界上没有人天生就喜欢吃苦，但是"梅花香自苦寒来"，没有付出就没有回报。我们要想获得任何东西，都要经过努力才能得到。有吃苦精神不一定会成功，但是没有吃苦精神，就肯定无法成功。

我们每个人一生中，都会遭遇到很多困难。能否微笑地面对困难，在于你所遭遇困难的次数。经历的事情越多，你往往就会越成熟，越懂得处理和解决问题的办法。多吃点苦，我们才能在面对困难时，充满克服的勇气。别害怕挑战与难题，因为难题越多，我们越能找出解决方法；更别担心困境，只要我们有突破困境的信心，再险恶的境地我们都能安然度过。

有一个人叫林良快，他开了一家小林被服有限公司。林良快是一个非常能吃苦的人，他 16 岁就出来闯天下，认为自己和别人不一样的只是一种心态——"大不了睡地板"！这种心态支撑着他一路走过来。

林良快永远忘不了最初从浙江来重庆的日子。他和弟弟挤在一间 10 多平方米的小房间里，这里既是他们的寝室，也是办公室，更是仓库。累了，便睡在纸箱上；要写文件，纸箱成了办公桌。"我们舍不得买床、买桌子，因为那样货就没地方放了。"林良快说。时至今日，他已能从容风趣地把那些纸箱比作"可以升降的床"。"一批货刚来的时候我们的床有 2 米多高，几个月后，货慢慢发走了，我们又睡到了地板上"。

回首过去，林良快从不认为自己吃了很多苦。他说："年轻人最应该做的就是踏踏实实地学习，不会的我学，不懂的我问，即使失败了也没有关系，从头再来。因为年轻，就不怕失去——大不了重新睡地板！"

不怕吃苦，在收获梦想的路上我们就没有什么可以害怕的。有人用这样的话激励自己："苦不苦，想想红军长征两万五，累不累，想想革命老前辈。"和战争年代的人比起来，我们的苦算不了什么。

我们知道，世上最精致的瓷器，都要经过多次烤制，而没有经过多次烤制的瓷器，永远不会坚固和精美。无数事实告诉我们：只有禁得住磨炼的人，才会有可能成功。在生活中，那些怕吃苦、拈轻怕重的人，是很难干出事业、做出成绩的。干事业需要的是泼辣、狠劲，需要"皮实"一点儿的人。

为了锻炼自己的吃苦精神，我们可以多给自己"制造"困难，使自己得到提高和锻炼。比如，当手头上棘手的活多时，不妨挑选更难的事先做。生活中，一切可以让你感到为难的事情，你都可以用来挑战自己。这样做，当然不是为了"没事找事"，而是为开辟成功之路做必要的铺垫。

再苦也要努力笑一笑

俗语说："天有不测风云，人有旦夕祸福。"谁都不能准确地预测到苦难之神何时会降临到自己头上。面对困难，有许多人会茫然不知所措。他们感叹"时运不齐，命途多舛"，或从此一蹶不振，自暴自弃，但也有的人将苦难视为一笔难得的财富。

◆ 无限风光在险峰

苦难就如同一扇常年关闭的大门，它把许多自卑怯弱者拒之门外，面对有志之士，它却永远敞开。凡能顺利闯入这扇大门的人，就会发现门后是另一个世界，那里有阳光、鲜花和累累硕果。

王安石在《游褒禅山记》中说：夫夷以近，则游者众；险以远，则至者少。而世之奇伟、瑰怪、非常之观，常在于险远，而人之所罕至焉，故非有志者不能至也。这样看起来，无限风光还在险峰。只有那些不畏苦难、不怕艰险的人，才能取得最后的胜利，而这样的人，首先就要有面对苦难微笑的勇气。

> 智 慧 心 语
>
> 在任何情况下，遭受的痛苦越深，随之而来的喜悦也就越大。
>
> ——［古罗马］奥古斯狄尼斯

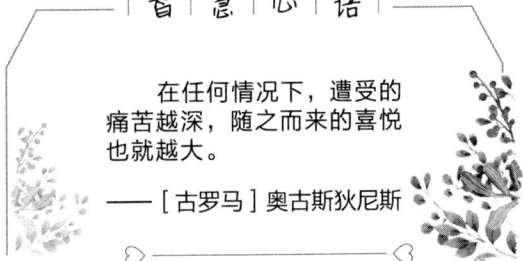

《老人与海》是一本直面苦难的书。主人公是一个生活在海边以捕鱼为生的贫穷老人，他少年时在非洲游荡，青年丧妻，老年无子，大字不认得几个，幸运也很少光顾他。这个老人的形象仿佛就是那个时代所有贫苦人民的缩影，他辛勤劳作了大半辈子，到老了却还是孤苦伶仃，只有一个善良的孩子偶尔会来陪伴他。

故事主要讲述了这位老人一次极为凶险的捕鱼经历。老人历时三天三夜，捕到了一条重达 1500 磅的鱼，并驾着小船从远离海岸线的地方回到海港。在途中，他击退了鲨鱼的数次袭击。回到岸上，他本人身负重伤，巨大的猎物也早被鲨鱼吞食得一干二净……

这实在是一个不平凡的老人，在他饱经风霜摧残的外表下，隐藏着一个永不磨灭的年轻乐观的灵魂，所以他一次次地从苦难中挺了过来。

对于一件事情，往往有好几个角度。有好的一面，也有坏的一面；有乐观的一面，也有悲观的一面。心态不同，看到的景致也会不同。一个乐观的人，无论身处何处，都会感受到生活的乐趣。心有快乐，就能看到生活的美，快乐就在我们的心里。

◆ 乐观的精神和不屈不挠的意志

古往今来，历史上许多伟人大都有着乐观的生活态度。如英国诗人弥尔顿，一生经历了无数磨难，经受过双目失明，朋友弃他而去，生活曾一度陷入极端困境，面对打击，他总能以乐观的精神和不屈不挠的意志，渡过一个又一个难关。

一个美国人着泳装在撒哈拉大沙漠游玩，一群非洲土著人好奇地盯着他。

"我打算去游泳。"美国人说。

"可海洋在 800 千米以外呢。"非洲土著人提醒道。

"800 千米！"美国人高兴地说，"好家伙，多大的海滩呐！"

在悲观的人眼里，沙漠是葬身之地，800 千米是遥远，人生是痛苦；在乐观的人眼里，沙漠是海滩，800 千米是享受，人生是希望。

我们的人生旅程，挫折、逆境是无法避免的，我们唯一能做到的，便是改变自己的心态。再苦也要努力笑一笑，在困难中微笑的人对生活、对生命是充满希望的。在苦难面前笑一笑，这是另一种坚强，而命运就是喜欢永远微笑的人。

跌倒了，爬起来

拿破仑说："人生的光荣不在于永不失败，而在于能够屡败屡战。"的确，成功的人不是从未被击倒过，而是在被击倒后，还能够再爬起来，继续努力奋进。对人生抱有这种态度，一定会取得好成绩。

人的一生，总有一些不如意和跌倒的时候。跌倒了怎么办呢？爬起来，就这么简单，就像小时候我们在一次次跌到中学会走路。对于成年人而言，跌倒了更要爬起来。

◆ 坚定信念，就有成功的希望

罗伯特和妻子玛丽终于攀到了山顶。站在山顶上眺望，远处的城市中白色的楼群在阳光下变成一幅画。仰头，蓝天白云，柔风轻吹。两个人高兴得像孩子，手舞足蹈，忘乎所以。对于终日劳碌的他俩，这真是一次难得的旅行。

悲剧正是从这个时候开始的。罗伯特一脚踩空，高

如果你问一个善于溜冰的人怎样获得成功时，他会告诉你："跌到了，爬起来。"这就是成功。

——[英]牛　顿

大的身躯打了个趔趄，随即向万丈深渊滑去，周围是陡峭的山石，没有抓手的地方。短短的一瞬，玛丽就明白发生了什么事，下意识，她一口咬住了丈夫的上衣。当时她正蹲在地上拍摄远处的风景，她也被惯性带向岩边，在这紧要关头，她抱住了一棵树。

罗伯特悬在空中，玛丽牙关紧咬。你能相信吗？两排洁白细碎的牙齿承担了一个高大魁梧躯体的全部重量。他们像一幅画，定格在蓝天白云下的大山峭石之间。玛丽的头发像一面旗帜，在风中飘扬。

一小时后，过往的游客救了他们。而这时的玛丽，美丽的牙齿和嘴唇早被血染得鲜红。有人问玛丽如何能挺那么长时间，玛丽回答："当时，我头脑里只有一个念头：我一松口，罗伯特肯定会死。"

几天之后，这个故事像长了翅膀一样飞遍了世界各地。

◆ **人生的光荣在于能够屡败屡战**

当狂风卷起漫天尘沙扑面而来时，我们会本能地伸出双手护住眼睛，不让沙粒弄伤敏感的部位。当困难来临时，我

们更应该拿出勇气来迎接它，用我们的智慧和能力来战胜它、消灭它。战胜困难，如同咀嚼一枚青橄榄，虽然心中有股难言的苦痛，但慢慢地，你就会从中品出甘甜来。

我国明末清初史学家谈迁用 27 年的时间编成了五百万字的《国榷》初稿，却被贪婪之徒偷走。他忍受着这一沉重的打击，埋头书案又干十年，再次写成《国榷》的第二稿。

之后又经过三年的补充、修改，才最后定稿。可以说，谈迁一生为写此书呕心沥血，九死而不悔。

在生活中不断地克服困难、战胜困难，也是对一个人毅力的最大考验，是能力的最大体现，更是展示自身价值的最好条件。

所以，不必害怕那些所谓的困难，要相信自己，只要去努力，只要不言败，就会有成功的希望。

逆境是一剂催化剂

当我们身处逆境，与现实不兼容时，不要一味地怨天尤人，最正确的做法应该是：认清形势，找准位置，不离不弃，适时调整自己的认识、心态和做法，努力适应现实环境，尽快打破不利局面，彻底转被动为主动，让"山重水复疑无路"变为"柳暗花明又一村"。

在生活中，每个人都经历过不幸和痛苦。逆境从外表看虽说是件坏事，但逆境是一种催化剂，能使人变得更加成熟。逆境像一条干净的毛巾，能把我们灰蒙蒙的眼睛擦得亮晶晶。在逆境中，我们能更多地体会人生百味。

◆ **只要再坚持一下**

在逆境中，很多人常常以为自己走到了生活的尽头，其

| 智 | 慧 | 心 | 语 |

逆境有一种科学价值。一个好的学者是不会放弃这种机会来学习的。

——[美]爱默生

实，只要再坚持一下，困难就会过去。

唐朝著名学者陆羽，从小就是一个孤儿，被智积禅师抚养长大成人。陆羽虽身在庙中，却不愿终日诵经念佛，而是喜欢吟读诗书。陆羽执意下山求学，却遭到了禅师的反对。禅师为了给陆羽出难题，同时也为了更好地教育他，便叫他学习冲茶。陆羽在钻研茶艺的过程中，遇到了很多困难，很多次都没有成功，这使他很难过，但是他没有放弃自己的目标，更没有放弃学习冲茶。

经过多次的实验，陆羽终于学会了复杂的冲茶技巧，更学会了很多读书和做人的道理。当陆羽最终将一杯热气腾腾的苦丁茶端到禅师面前时，禅师终于答应了他下山读书的要求。后来，陆羽撰写出了广为流传的《茶经》，把中国的茶艺文化发扬光大。

陈平是我国西汉时的名相。陈平少时家中极贫，与哥哥相依为命。为了秉承父命，光耀门庭，陈平不事生产，闭门读书，却为他的大嫂所不容。为了缓和与大嫂的矛盾，面对一再羞辱，陈平始终隐忍不发。随着大嫂的变本加厉，陈平实在忍无可忍，于是离家，浪迹天涯。

一天，有一位老者被陈平的求学精神所感动。他免费收陈平为徒并且授课于他。经过一番周折和磨难后，陈平终于学有所成。之后，他辅佐刘邦，成就了一番霸业。

我们再来看一下安徒生的故事。

安徒生，丹麦作家。1805 年，安徒生诞生在丹麦欧登塞城的一座破阁楼上。他的父亲是个鞋匠，很早就去世了，全家只能靠母亲给人洗衣服赚点收入维持生活。

安徒生虽然过着十分贫穷的生活，但他有着自己远大的理想。刚开始，他决心当一名演员，在他 14 岁时，他离别了故乡和亲人，独自来到丹麦首都哥本哈根。

他克服了生活上的重重困难，以坚强的毅力学习文化知识。起初，他想学习舞蹈和演戏，却遭到了拒绝，后来被一位音乐学校的教授收留，学习唱歌。可是第二年冬天，因为他没有钱买衣服和鞋子，不断地感冒、咳嗽，他的嗓音嘶哑了，安徒生只好离开了音乐学校。

但他从事艺术事业的顽强意志毫不动摇，他又下决心开始了自己的文学创作之路。那时，他住在一间旧房子的顶楼上，没日没夜地练习写作。

经过十几年的辛苦耕耘，他终于踏入文坛。从 30 岁开始，安徒生专心从事儿童文学创作，他一生共写了数百篇童话故事。其中有我们所熟知的《丑小鸭》《皇帝的新装》《卖火柴的小女孩》《夜莺》和《豌豆上的公主》等。

上面这些有成就的人，他们的命运都是极为坎坷的，但是他们并没有因此在逆境中倒下，而是在逆境中努力地坚持了过来。风雨过后，就有彩虹，他们都实现了自己的愿望，成为不平凡的人。

◆ 困难是一种动力

当身处逆境时，我们不应怀疑自己的能力，而要学会在逆境中努力坚持下去。

我们要对自己说："困难在我心中，一定要让它出去。"挺住，再挺住，即便是我们几经挫折，也要坚持奋争，直到胜利。

踏出逆境的泥滩，就能走上坦途，迎来新的生活和阳光。在逆境中坚持到最后，就会反败为胜，成为一个不平凡的人。

球王贝利成名后，有个记者采访他："您的儿子以后是否也会同你一样，成为一代球王呢？"

贝利回答："不会。因为他与我的生活环境不同。我童年时的生活环境十分差，但我在这种恶劣的环境中磨炼出了我坚强的斗志，使我有条件成为球王。而他生活安逸，没有经受过困难的磨炼，他不可能成为球王。"

困难是压力，但也是一种动力。困难就像弹簧，你软它就硬，你硬它投降。在逆境面前，只有正视逆境，直面逆境，不怕逆境，与逆境做顽强的抗争，并且能以坚忍不拔的毅力在逆境中坚持下去，才会取得成功。

奇怪的电磁波

10 岁那年，麦克斯韦进了爱丁堡中学，由于讲话带有很重的乡音和穿着不入时，他在班上经常遭到其他同学的讥笑。但在一次全校举行的数学和诗歌比赛中，麦克斯韦一人独得两个科目的一等奖。他以自己的勤奋和聪颖获得了同学们的尊敬。

他的学习范围逐渐地突破了课本和课堂教学的局限。他的关于卵形曲线画法的第一篇科学论文发表在《爱丁堡皇家学会会刊》上，采用的方法比笛卡儿的方法还简便，那时他年仅 15 岁。他的求知欲在推着他不断前进。

1860 年秋，麦克斯韦从阿伯丁来到伦敦后，怀着崇敬的心情拜访了著名物理学家法拉第，他的工作得到了年逾古稀的法拉第的肯定。虽然有很多人质疑，虽然有很多的阻碍，但麦克斯韦此时已经决定献身科学，便冲着电磁波一往无前地去努力。

经过概括上升的理论，又以此来指导对电磁现象的研究，使这一理论得到升华和突破。1865 年，麦克斯韦发表了第三篇论文《电磁场动力学》，文中导出了方程，并引入了位移电流的概念，用这个概念确切地表达电磁波的传播。

正是对这些方程的研究，麦克斯韦预言电磁波以光速通过空间，得到电磁波传播和光的速度相同的结论。

于是，他勇敢地断言：光是一种电磁现象，光波也是一种电磁波。

麦克斯韦关于电磁学理论的完成是19世纪科学史上的一件大事。但在当时，支持的人寥寥无几，怀疑和反对的意见铺天盖地。能否证实有电磁波的存在成了检验麦克斯韦理论的关键。

真理终究是真理。1888年，德国青年物理学家赫兹用电波环进行了一系列实验，发现了电磁波，麦克斯韦的理论也因此得以确认。而这时已是麦克斯韦公布理论后第26年。经过漫长岁月考验的真理，更显示了创立者的科学预见性。

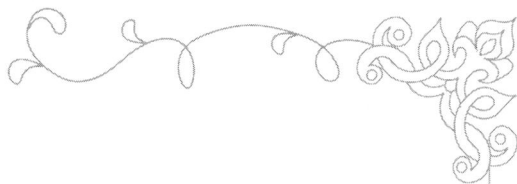

PART 07

让梦想展翅飞翔

　　这世界并不像你看上去那样庞大！只要你拥有坚定的理想，不变的目标，永恒的梦想，就像勇士握紧了手中的长剑，披荆斩棘，整个世界都会给你让路。

当我望着星星，并明白了来自这些恒星的光，必须一百万年才能到达我的眼睛内，我便明白这个地球是多渺小，多不重要，而我自己的困难又是如何的极小，无限小。

——［美］戴尔·卡耐基

梦想成真的力量

有时候，我们发现，在很多事情上，如果我们不自觉地想象成一种样子，那事情往往就真的会按我们想的那样发展。更奇怪的是，某些我们总是担心的事情，也总会变成事实。为什么呢？因为，当我们担心什么的时候，总是发自内心地、源自潜意识地、强烈地相信。而这种强烈的相信正是最强大的意识能量，它将影响事情的结果。

◆ 你所相信的，就是真的

我们必须有意识地努力培养自己内在的信念，使它在正向上越来越强大。当你不自觉地能从正向上相信一件事情更好的一面，而不是怀疑时，那么，你就慢慢步入了心想事成的境地。

有人可能对此不屑，意识能影响外界？事实上，你去了

解一下那些能心想事成的人，他们都有一个共同点，那就是，他们百分百相信自己能实现梦想。那种相信是发自

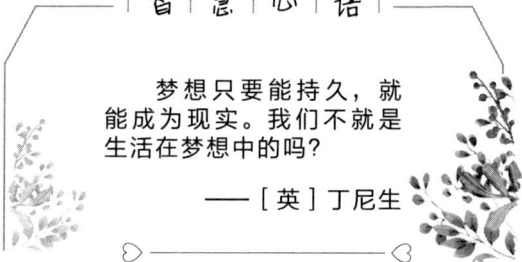

梦想只要能持久，就能成为现实。我们不就是生活在梦想中的吗？

——［英］丁尼生

内心的，是源自潜意识的，而不是大脑思考的结果。也就是说，他们不自觉地就在意识中相信自己的梦想能成真，几乎从不怀疑。

还有，他们总是为梦想付出持续的努力和热情，无论遇到什么困难，决不退缩。他们几乎所有的行为都始终围绕着那个梦想。

1972 年，尼克松竞选总统连任。由于他在第一个任期内政绩斐然，所以大多数政治评论家都预测尼克松将以绝对优势获得胜利。

然而，尼克松本人却很不自信，他走不出过去几次失败的心理阴影，极度担心再次出现失败。在这种潜意识的驱使下，他鬼使神差地干出了后悔终生的蠢事。他指派手下的人潜入竞选对手总部的水门饭店，在对手的办公室里安装了窃听器。事发之后，他又连连阻止调查，推卸责任，在选举胜利后不久便被迫辞职。本来稳操胜券的尼克松，因缺乏自信而导致惨败。

除此之外，心念的出发点极为重要。你要不断省视自己的

心念，它是否出自善意，是否为了使自己使他人更加美好，至少不能损人利己。否则，那将是一条通向黑暗世界的不归路。

◆ 清楚自己的方向在哪里

那些不能如愿的人是如何做的：他们总想空手套白狼，甚至坐享其成。事实上，他们所谓的想，只是大脑中、思考中认为的"应该"，而在很多时候，他们也知道那似乎不现实，只是自己想侥幸。

你要知道，要实现任何梦想，除了要有强烈的愿望外，你还要为这个梦想、这个想法、这个心愿的实现，创造一个实现的载体。而这个载体就是你努力持续的行动。宇宙是一种中性的能量，它们要呈现出任何意念所希望的东西，得有个能量平衡的相应载体。否则，那就打破了宇宙能量平衡的法则。

你去看看所有的创造发明过程，你就能知道其中的秘密。那些创造者、科学家、研究者，他们全身心投入，充满热情，持续努力，费尽心力，很多人数十年如一日。那是何等的强烈心念和热情行为？他们的心念之强大，他们的行为载体之强大，都是一般人所做不到的，而正是因为他们那样强大的心念和热情持续的努力，才使他们实现了一个个伟大的创造和发明。

而你呢？如果还在抱怨，不如反思一下，对比一下。

人生有志向，生活有芳香

"你打算将来干什么？"这是生活中出现频率最高的问题之一，尤其是针对朝气蓬勃的青少年。的确，理想和未来对每一个人来说既是一个让人伤脑筋，又是充满诱惑的问题。

人只有有了志向，生活才会有芳香，人生的价值、意义和境界，才能在对志向的追求过程中得到好的体现。

所以，要敢于把自己的人生目标定位到成才的坐标之上，并为之不断地去努力。只有这样，自己的青少年生活才会更加丰富而充实；只有这样，才能更加完善自己的人生。

◆ 成长首先须立志

人们常把"人无志不立""志不立，天下无可成之事"

> 没有志向的青年，就像断线的风筝，只会在空中东摇西晃，最后必然丧失前程。
>
> ——[法]罗曼·罗兰

之类的话语当作自己的座右铭，这里所说的"志"其实就是人们心中那个确定目标，以及要为之奋斗的决心与坚持。

立志就是让一个人从大地上站立起来，从懵懵懂懂中清醒过来，从浑浑噩噩中悔悟过来，从艰苦之中卓然挺立起来。

立志是一种自我警醒，是成就自我的关键，也是最基本的一步。

或许你目前一无所有，这些都无关紧要，最重要的是要有志向。

我们都知道，每个人在心里定义的人生成功都是不一样的。但无论这个定义有多广泛，有一点是不会改变的，那就是在相同的条件下，不管选择了怎样的人生道路，事先有没有目标，其结果是大不一样的。

有些人的生活完全没有目标，有些人只计划眼前几天的日子，但现实的生活总会将他与那些有明确目标，并且能持之以恒的人区别开来。

所以，一个人在成长的过程中，首先须立志。

古语有云："凡事预则立，不预则废。"观察你的周围就不难发现，很多同学不但对自己没有什么要求，而且还沉沦在迷惑颠倒中。

有同学喜欢打网络游戏，只要一碰触到鼠标，精神状态就能一下子进入忘我的境界，可以废寝忘食，两耳不闻窗外事。他们有着无比的决心，强大的意欲，不"打到痛快"誓不罢休，希望创出纪录来肯定自我的价值。相反，一位高考状元曾经这样说："人要树雄心，立大志。当我上中学时，就立志将来上重点大学；当我选择了文科后，就立志上北京大学；当我名列前茅时，就立志拿文科状元；当我拿到北大的录取通知书时，就立志继续深造，向更高的学位攀登。"

他就是在这样一种不断确立目标、不断追求、不断实现目标的过程中体会学习的成功与快乐。所以，立志的人和没有志向的人在各个方面都不同，正因为如此，立志才会把人区别开来，也才有了成功与失败之分。

鸟贵有翼，人贵有志。人的一生绝不能随波逐流，这样的生活方式对自身无任何好处，死后也会默默无闻，不能为世人留下些什么。

正因为如此，就要在年轻之时给自己定下志向，时刻保持激情去追求那些可望而不可即的东西，努力去做旁人不敢做也无法做到的事情。只有拥有这种可贵的自强自立精神，才能报效国家，光耀门楣。

◆ 有志向方能成大事

一个人即便出身贫寒，但只要有远大的志向、崇高的抱负，也能奋然前行，干出一番惊天动地的事业。

反之，就不可能成就大业。一般情况下，对自己的要求越高，取得的成就越大；对自己的要求越低，取得的成就越小，甚至会一事无成。

英国杰出的物理学家法拉第确定了电磁感应的基本定律，从而奠定了现代电工学的基础。此外，他还有磁致光效应等多项重大发现。

然而，这位被大思想家恩格斯称作是"到现在为止的最大电学家"，却连小学大门都没有进去过。当同龄的伙伴都坐在教室时，他却一边卖报，一边认字。后来又自学了电学、力学和化学知识。

他立志要在科学领域做一番成绩，于是就给赫赫有名的戴维教授写信表示："极愿逃出商界入于科学界，因为据我想象，科学能使人高尚而可亲。"而当时的法拉第仅仅是一个装订图书的学徒工。

试想一下，如果法拉第没有远大的志向，世界也就少了一位如此瞩目的科学家。当然，在这个世界上，每一个人都是独一无二的。不同的性格、不同的气质、不同的爱好也决定着每一个人不同的志向。

有志向虽然是人生成功的关键因素之一，但不要忘记，在立志与成功之间，还需要坚持不懈、努力奋斗。

如果做语言的巨人，行动的矮子，那么再宏伟的志向也只能是海市蜃楼。

唐代的高僧鉴真东渡日本弘扬佛法，历尽磨难，前五次均告失败，但他并没有放弃，屡败屡起，直到第六次，终于到了日本，把唐朝的文化带到日本，他本人也成了日本佛学中律宗的创始人。所以，在为自己立下志向之后，一定要坚定信念，将理想化为现实。

也许下一步就是成功

要想成功，要想与众不同，要想创新，就不能在乎别人如何看你：地球是圆的，对吗？当然对，谁也不会否认。这是谁最先提出来的呢？是伟大的天文学家哥白尼发现的，他提出"地圆说"时，被人们当作疯子。"地怎么可能是圆的？那走路不就站不稳了吗？"当时他甚至被国王以"妖言惑众"的罪名判刑。大画家凡·高，当时人们也认为他是一个疯子。不仅仅是哥白尼和凡·高，世界上的每一个伟人在刚刚开始时，都被视为异类。

◆ 目标是赢得成功的前提

有一句话叫"志不坚者智不达"，这句话非常有道理。伟大人物之所以伟大，最关键的就是其具有坚强的意志，他们的目标一旦确定后，就会坚持自己的理想，直到成功为止。正如发明家爱迪生所说："伟大人物最明显的标志，就是他坚强的意志，不管环境变换到什么地步，他的初衷与希望仍不会有丝毫的改变，而最终克服困难，以达到预期的目的。"

| 智 | 慧 | 心 | 语 |

> 忍耐和坚持虽是痛苦的事情，但却能渐渐地为你带来好处。
>
> ——[古罗马]奥维德

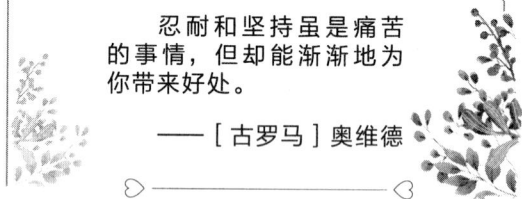

意志是为了达到既定目标而自觉努力的心理能力。在心理学上，健康人格可以划分为智慧力量、道德力量、意志力量三种人格力量。坚强的意志正是成功的核心品质。正如郑板桥《竹石》一诗所言："咬定青山不放松，立根原在破岩中。千磨万击还坚劲，任尔东西南北风。"这种意志虽然不是写他为了自己的理想永不放弃，但追求自己的理想就要有这种"咬定青山不放松"的坚强意志。

英国前首相本杰明·迪斯拉里原本是一名并不成功的作家，出版数部作品却无一能给人留下深刻印象。文学上的失败让他认清了自己，几番周折后，他决定涉足政坛，成为英国首相。他克服重重阻力，先后当选议员、下议院主席、高等法院首席法官，直至1868年实现既定目标，成为英国首相。

本杰明·迪斯拉里成功后，有人问他成功的秘诀，对于自己的成功，迪斯拉里在一次简短的演说中说："成功的秘诀在于坚持目标。"明确而坚定的目标是赢得成功、有所作为的基本前提，因为坚定目标的意义，不仅在于面对种种挫折与困难时能百折不挠，抓住成功的契机，让梦想一步步变为现实，更重要的还在于身处逆境能产生巨大的奋进激情，使自己的潜能得到最大发掘与释放。

爱默生说过：一个伟大的灵魂要坚强地生活，也要坚强地思想。他就是用这句话来警示人们要远离脆弱，多一些挺进的勇气和思想的韧性。爱默生的思想环境其实比我们好得多，但他还是感到没有坚强的意志就难以坚持自己的追求。

他认为，一个人要坚定地走自己的路，要情愿忍受苦难地走自己的路，这样才不会在世俗面前庸俗下去。何况，人在思想旅途中又常常会"气馁、彷徨"。面对身外身内的敌人，如果缺少思想韧性，就会从挑战、质疑、叩问中变成迎合、俯就、媚俗，完全失去创造者高贵的特征，生命也就不再具有质量的话题。

《世界上最伟大的推销员》的作者奥格·曼狄诺写道：我不是为了失败才来到这个世界的，我的血管也没有失败的血液在流动，我不是牧人鞭打的羔羊，我是猛狮，不与羊为伍。我不想听失意者的哭泣，抱怨者的牢骚，这是羊群中的瘟疫，我不能被它传染。失败者的屠宰场不是我命运的归宿。

◆ 不屈不挠，坚持到底

既然目标已定，便应该风雨兼程。林肯挂在墙上的名言是：我要朝着我的目标前进，攻击我的言论将会一钱不值。如果我要看攻击我的言论，我将一事无成。

青少年朋友们可能都读过古希腊神话中西西弗斯的故事。西西弗斯因为触犯了天庭法规，被天神惩罚，降到人世间来受苦。天神对他的惩罚是让他推一块石头上山。每天，西西弗斯都要费很大的劲把那块石头推到山顶，然后回家，可是，在他回家时，石头又会自动滚下来，于是，西西弗斯又要把那块石头往山上推。这样，西西弗斯所面临的是：永无止境的劳作又永无止境的失败。天神对西西弗斯的惩罚，就是折磨他的心灵，使他在"永无止境的失败"命运中饱受苦难。但他就是坚持自己的追求，永无止境地坚持。

西西弗斯在前进的过程中始终就是不肯认命。他没有在成功和失败的圈套里被困住，他认为推石头上山的过程本身就很有意味，只要把石头推上山顶，总有一天它会停下来的，况且每一次推石头到山顶，都是一次对意志的检测。

从这以后，天神终于没有办法再惩罚西西弗斯，就召他回了天庭。西西弗斯终于赢得了胜利。他的全部秘诀只有两句话：不屈不挠，坚持到底。这也是让生命过程获得美感的最好选择。

一个人具备了执着的信念，才有资格成为自己命运的主宰者。这世上也只有具备强大坚持力的人才能拥有一切，才能达成终极的成功。

大凡成功者的字典里都没有放弃、不可能、办不到、没法子、成问题、行不通、没希望、退缩这类愚蠢的字眼。他们在奋斗的过程中，都是尽量避免绝望，一旦受到它的威胁，他们就会立即想方设法向它挑战。

心如大地

鸠摩罗什的一生是弘扬佛法的一生，他在佛学中不断精进，并用自己的修为度人。

鸠摩罗什早在少年时代就已崭露头角，名噪一时。他七岁随着母亲一同出家，每天能背诵三万两千字经文，号称"日诵千偈"。鸠摩罗什跟随着母亲，在各地参学、弘化，不仅在佛法方面更上一层楼，而且名满天下。

当时的人们主要信仰小乘佛教，小乘注重自我解脱，大乘则讲究普度众生。也就是说，小乘偏于自度，大乘不仅自度而且还要度人。二十岁时，他在龟兹国受戒，不久，他的母亲前往印度，临行时勉励他到中国弘扬大乘佛教，他毅然应允。鸠摩罗什的母亲告诫他说："大乘要传播到中原去，全得仰赖你的力量。但是这件宏伟的事，对你而言，却没有丝毫的利益，你怎么办呢？"鸠摩罗什回答说："大乘之道，利益众生。假如我能够使佛陀的教化流传，使迷蒙的众生醒悟，虽九死而无悔。"

有了母亲的鼓励，他弘扬大乘的决心更大了。不久，在佛寺的旧厢房，他发现了《放光经》。当他展开经卷诵读的时候，却只见空白的木牍，而木牍上的经文却消失不见了。他知道这是魔在暗中作怪，他诵经的决心更加坚固。于是魔力失效，经文的字迹立即浮现，他便诵读学习《放光经》。

此时他忽然听到空中传来声音："你是有智慧的人，怎么需要读《放光经》呢？"

鸠摩罗什说："你是小魔，应该迅速离去！我的心意，如同大地，不可丝毫被转动。"

空中再也没有声音传来，不知道是心魔还是幻境。相信鸠摩罗什在习诵大乘佛法的时候，遭受了很多时人的非难。但他的决心胜过了一切，让他在大乘的道路上勇猛前行。

"一切有为法，如梦幻泡影，如露亦如电，应作如是观。"这么优美，这么简洁的译文，就是出自鸠摩罗什所译的《金刚经》，称为"六如偈"。看过这样的译文，才能明白为什么玄奘严格遵守原文的新译被人们遗忘了，而鸠摩罗什偏重意译的旧译却流传了一千六百五十年。